JN270704

かわいい**インコ**の飼い方・楽しみ方

平井博・小幡昭一・青沼陽子 監修

成美堂出版

インコと仲よくなる 10のポイント

とってもよくなれて、かわいいインコとの暮らしは、楽しいことがいっぱい。インコを上手に育てて、もっと仲よくなりましょう！

よくなれたインコは、手の上で安心してくつろぎます。

オカメ　オス　親

Point 1
一緒に遊ぼう！

手のりインコは、ケージから外に出て遊ぶのをとても楽しみにしています。時間は1日30分くらいでOK。手にのせたり、部屋に出して遊ばせましょう。

かまってくれないとさみしいの

セキセイ　オス　親

あちこち歩いて探検中。安全な部屋にしておきましょう。
→P118参照

オカメ　オス　親

顔のまわりをなでてくれるとうれしいな！

コザクラ　メス　若鳥

Point 2 おしゃべりを教えよう！

手にのせて目を合わせ、おしゃべりを教えましょう。
→P122参照

「おはよう！」「ピーちゃん」なんてかわいいおしゃべりができるインコもいます！若鳥の頃から、少しずつ練習するのがポイント。

おしゃべりが苦手なコもいるよ

↑ ボタン オス 親

ピースケ

♪ セキセイ オス 親

おはよう！

長いフレーズを話す、おしゃべり上手なセキセイもいます！

♪ セキセイ オス 若鳥

オカメインコは、口笛やいろいろな音をマネするのが得意。

← オカメ オス 若鳥

ピョ！

さえずっているのは、超ゴキゲンなとき！

Point 3
ボクたちの気持ち、わかってほしい

オカメ　オス　親

気になる音がしたり、考えているときは、首をかしげて「ん？」

ボタン　メス　親

うきうき、ワクワク、うれしそうなとき。
ちょっとすねて、さびしそうなとき。
インコと仲よくなると、
だんだん気持ちがわかってきます！
→P124参照

ねえ、遊ぼうよ！

気に入らないときは怒るよ。

オカメ　オス　親

コザクラ　メス　親

すやすや……。
眠っても脚は
しっかり握っ
ています。

ラブバードは
狭いところが
好き。ケージ
におうちを入
れると使うよ。
→P53 参照

セキセイ / オス / 親

コザクラ / メス / 若鳥

Point 4 かわいいしぐさ 見て見て！

いつでも飛べる
ように、羽のお
手入れは念入り
にします。

いつも、どんなことを
しているか観察してみましょう。
のびをしたり、くちばしを
上手に使ってお手入れしたり、
ウトウト昼寝をしたり……。
いろいろなかわいいしぐさが
見られるよ。

ブルブルッ！
羽ばたきの
練習もするよ。

水浴び、好き！
ときどきさせ
てあげよう。
→P107 参照

コザクラ / メス / 若鳥

セキセイ / メス / 若鳥

セキセイ / オス / 親

5

好きなおもちゃは
インコによって
いろいろだよ

安全で楽しい
おもちゃを選
ぼう。
→P30参照

ブランコを
揺らすと
楽しい！

● オカメ オス 若鳥

↑ コザクラ メス 中ビナ

Point 5
楽しいおもちゃが いっぱい！

「キミは誰？」
1羽飼いなら、
友だちタイプ
のおもちゃも
おすすめ。

← セキセイ オス 親

行動が活発でとても賢いインコたちは、
おもちゃで遊ぶのが大好きです。
カラフルなもの、音が鳴るものなど
お気に入りを見つけてあげよう！

バックをスッキリさせて、カラフルな小物を置いてみよう。

コザクラ　メス　中ビナ

Point 6
かわいい写真を撮ろう!

うちのコのかわいい姿を写真に撮ってみましょう。
ケージから出して、楽しく遊んでいるときに
シャッターチャンスがいっぱいあるよ!

何かにとまらせると、インコが落ち着いて撮りやすくなります。

かわいく撮ってね

ボタン　メス　親

うしろ姿など、いろいろな角度から撮ってみよう。

セキセイ　オス　親

オカメ　オス　親

セキセイインコ
→ P36〜45参照

セキセイインコは、小型で飼いやすいインコの代表選手。

ピヨピヨ！クチュクチュ！おしゃべりが大好き！

← オス　親

↑ メス　親　　↑ オス　親

オカメインコ
→ P58〜65参照

頭の冠羽とほっぺの模様がキュートな中型インコ。

← オス　親

なでられるのが好きな甘えん坊。

↑ オス　親

Point 7
「はじめまして」の自己紹介

セキセイインコ、ラブバード、オカメインコは、どれも人によくなれる飼いやすい種類です。
セキセイ＆ラブバードの寿命は約8〜15年、オカメの寿命は約10〜20年。
インコは1羽飼いか、ペア飼いが基本です。

ラブバード
→ P46〜53参照

丸いつぶらな瞳と鮮やかな羽色で人気のラブバード。

ペア飼いは、仲よくする姿がかわいい！

↑ ボタン　オス　若鳥

コザクラ　親　　↑ メス　↑ オス

手にのせて「さし餌」をして育てます。
→P84参照

⬇ オカメ ヒナ

栄養満点のヒナ用ごはんを食べさせてね！

⬇ ボタン ヒナ

⬆ セキセイ ヒナ

ヒナのおうちは使いやすいものを選ぼう。
→P77参照

ますかご

ふご

プラケース

Point 8

ヒナを手のりに育てよう！

ヒナは暖かく保温して育てることが大切。
→P83参照

手のりインコを飼いたいなら、お店で育った若鳥を飼う方法もありますが、ヒナから育てるのが一般的です。元気いっぱいの健康インコになるようにがんばって世話をしましょう。

🔊 コザクラ ヒナ

オカメ オス 親

Point 9
元気に育つ！インコのごはん

バランスのよいエサをあげて、元気なインコに育てましょう。

エサと水は1日1回チェックして交換します。
→P104 参照

少しずつ食べるからエサはずっと入れておいてね！

コザクラ メス 若親

インコの主食はシードとペレット。
→P94 参照

皮つき混合シード

青菜はビタミンたっぷり。

ヒマワリの種が大好きです。

インコ用ペレット

いつも健康でいてもらうには、エサが大切です。混合シードやペレットをメインに青菜やボレー粉もあげましょう。エサと水は1日1回チェックして、交換します。

セキセイ オス 親

オカメ オス 親

ケージはいつも清潔に。底に敷いた紙は毎日交換します。

1羽だけでもさみしくないよ

インコに合わせて飼育グッズを選ぼう。
→P20〜25参照

ケージ

エサ入れ・水入れ　　止まり木

◉ オカメ　オス　若鳥

インコのケージは温度変化が少なく、明るい場所に。
→P29参照

◉ セキセイ　オス　親

Point 10

快適なおうちを用意してね

インコが住むケージは、快適に暮らせるように環境をととのえます。ケージは室内の静かな場所に置きましょう。

かわいいインコの飼い方・楽しみ方 もくじ

インコと仲よくなる10のポイント

- Point 1 一緒に遊ぼう！ ‥‥‥‥‥ 2
- Point 2 おしゃべりを教えよう！ ‥‥‥ 3
- Point 3 ボクたちの気持ち、わかってほしい ‥ 4
- Point 4 かわいいしぐさ見て見て！ ‥‥ 5
- Point 5 楽しいおもちゃがいっぱい！ ‥ 6
- Point 6 かわいい写真を撮ろう！ ‥‥‥ 7
- Point 7 「はじめまして」の自己紹介 ‥‥ 8
- Point 8 ヒナを手のりに育てよう！ ‥‥ 9
- Point 9 元気に育つ！インコのごはん ‥ 10
- Point 10 快適なおうちを用意してね ‥‥ 11

PART 1 インコを家に迎える準備

- インコの入手法 ●インコはどこから手に入れる？ ‥‥‥‥‥ 16
- インコの選び方 ●健康なインコを選ぶポイント ‥‥‥‥‥ 18
- 飼育グッズ ●ケージ＆飼育グッズを選ぼう ‥‥‥‥‥ 20
- ケージのレイアウト ●インコのケージをセットしよう ‥‥‥‥‥ 26
- おもちゃの種類と選び方 ●インコがよろこぶおもちゃをさがす ‥‥‥ 30

PART 2 どんなインコを飼おうかな？

- インコの種類と生息地 ●飼いたいインコの種類を選ぼう！ ‥‥‥‥ 34
- セキセイインコ ‥‥‥‥‥ 36
  - セキセイインコと楽しく暮らそう！ ‥‥‥‥‥ 44
- コザクラインコ＆ボタンインコ ‥‥‥‥‥ 46
  - ラブバードと楽しく暮らそう！ ‥‥‥‥‥ 52
- いろいろな小型インコ ‥‥‥‥‥ 54
  - 小型インコと楽しく暮らそう！ ‥‥‥‥‥ 56
- オカメインコ ‥‥‥‥‥ 58
  - オカメインコと楽しく暮らそう！ ‥‥‥‥‥ 64
- いろいろな中型インコ ‥‥‥‥‥ 66
  - 中型インコと楽しく暮らそう！ ‥‥‥‥‥ 68
- いろいろな大型インコ・オウム ‥‥‥‥‥ 70
  - 大型インコと楽しく暮らそう！ ‥‥‥‥‥ 72
- もっと楽しく！インコライフ インコのクラブで楽しみを深めよう！ ‥‥‥ 74

PART 3 ヒナを手のりに育てよう！

ヒナの世話グッズ	●かわいいヒナを家に迎える準備 ……………… 76
ヒナの選び方	●元気で健康なヒナを選ぼう ………………… 78
そうじと温度管理	●健康な手のり鳥に育てるポイント …………… 82
さし餌のあげ方	●元気に育て！　さし餌のコツ ……………… 84
ひとり餌の練習	●さし餌からひとり餌へ切りかえよう ………… 88
中ビナへの成長	●ヒナと遊ぶ＆ケージ・デビュー ……………… 90

もっと楽しく！ インコライフ
1羽で飼う？　ペアで飼う？　たくさんで飼ってもOK？………… 92

PART 4 正しい食事と毎日の世話

エサの種類とあげ方	●シード＆ペレット…インコの食事 ………… 94
こんなとき どうする？	●インコのエサ　Q＆A ……………………… 103
エサやりとそうじ	●毎日のエサやりとそうじの方法 …………… 104
保温・日光浴・水浴び	●温度管理や日光浴、水浴びについて ……… 106
留守番をさせる	●旅行で外出！　留守中の世話は？ ………… 108
インコと外出	●病院や移動などインコとの外出は？ ……… 110

もっと楽しく！ インコライフ　季節に合わせたインコの世話 ………… 112

PART 5 手のりインコと仲よくなろう！

インコを手のりにするには	●ヒナや若鳥をかわいい手のりインコに！…… 114
楽しい放鳥タイム	●部屋にインコを出して遊ぼう！ …………… 116
おしゃべりトレーニング	●できるかな？　おしゃべりを教えよう …… 122
しぐさと気持ち	●インコのしぐさで気持ちがわかる？ ……… 124

もっと楽しく！ インコライフ　インコを上手に持って爪切りをしよう！…… 126

PART 6 かわいいヒナを増やそう！

巣引きの準備	●ヒナを増やしたい！まずはペアづくりから……128
巣引きの流れ	●ペアの同居から産卵、ヒナ誕生までの世話……130
セキセイインコの巣引き	●セキセイインコのオスは巣の見張り役……134
ラブバードの巣引き	●とっても仲よし！ラブバードの繁殖……136
オカメインコの巣引き	●オカメ用巣箱と広いケージが必要……138
もっと楽しく！インコライフ	インコの成長カレンダー……140

PART 7 めざせ長寿！インコの健康管理

体のしくみと健康チェック	●ずっと元気でいてね！健康チェックのポイント……142
健康にまつわること	●換羽・毛引き・発情にはどう対処する？……146
ダイエットと病気の症状	●小鳥のダイエットと症状でわかる病気……148
病気の種類と治療法	●インコに多い病気を知っておこう！……150
病鳥の看護	●病気のインコはやさしく見守ること……156
楽しかったね！インコライフ	インコとのお別れは「ありがとう」の気持ちで……158

はじめに

「ピヨ！」「ピピピ！」元気いっぱいの鳴き声、カラフルな羽、かわいらしいしぐさ。かわいいインコとの生活は、とても楽しいものです。

インコはヒナや若鳥の頃から育てると、とてもよくなれた手のり鳥になります。手のり鳥は、かけがえのないコンパニオンバードになってくれるでしょう。

本書では、手のりインコと仲よく暮らす方法を紹介しています。セキセイインコ、ラブバード（コザクラインコ・ボタンインコ）、オカメインコを中心に飼い方を解説。その他のインコについては、小型インコ、中型インコ、大型インコ・オウムとして、まとめて紹介しました。

これからインコを飼おうと思っている人、すでにインコを飼っている人、すべてのインコファンのために役立つ情報がいっぱいです。

あなたの明るく、楽しいインコライフに、ぜひ本書を役立ててください。

インコを家に迎える準備

PART 1

インコの入手法

インコは
どこから
手に入れる？

コンパニオンバードとして暮らす
かわいいインコとの出会い。
ペットショップや小鳥専門店で
好きなインコを選びましょう！

➡ オカメ　オス　親
新しい家族を迎えるなら、よい
ショップ選びからスタート。

ショップで買う
インコの世話がいきとどいているショップを選ぼう！

インコを入手するには、ペットショップや小鳥専門ショップで買うのが一般的。よいインコと出会うには、まず「よいお店」を見つけましょう。スタッフの人がインコについてきちんとした知識を持っていて、世話がいきとどいているかどうか、ケージの環境やインコの状態をよく見てみましょう。何軒か見比べてみれば、元気なインコがたくさんいるお店かどうかわかるはずです。

⬅ コザクラ　メス　若親
羽の色ツヤがキレイなインコを選ぼう。

●小鳥の体をしっかりチェック

ケージや止まり木が少しくらい汚れていても、鳥自身がきれいなら、きちんと世話されている証拠。逆にインコの体がフンで汚れていたり、羽の色ツヤが悪いのは問題です。元気なインコは、つねに羽づくろいをして、体をきれいに保っているはず。きれいなインコのいる店を選びましょう。

こんなお店がおすすめ！

- 鳥の種類や数が多くそろっていて、買いたいインコを選ぶことができる。
- スタッフがきちんと鳥に目配りをして、鳥が元気にイキイキとしている。
- 鳥の種類や特長などの質問に、適切に答えてくれる。
- 飼育方法など、ていねいにアドバイスしてくれる。
- 扱っているエサの種類が豊富で、賞味期限の新しいものが置いてある。
- ヒナのさし餌をするとき、1羽1羽をよくチェックして手際よくエサをあげている。

ブリーダーから買う
プロのブリーダーなら、インコの知識が豊富！

　自分で繁殖したインコを販売するブリーダーもいます。ブリーダーをインターネットや小鳥雑誌などで探し、インコを入手するのもひとつの方法。

　ブリーダーはインコを専門に扱い、種類についての知識もある人が多いので、飼育方法などをアドバイスしてもらうこともできます。一般のショップにはいない、色変わりのめずらしいインコが手に入るかもしれません。

　ただし、プロならではのこだわりがある人も多いため、一方的に押しつけられてトラブルにならないように要注意。自分と考え方が合うブリーダーから買うとよいでしょう。

これだけは聞いておこう！

インコを迎えるときは、種類、年齢、エサの内容などを確認しておきましょう。

- インコの種類と性別。（性別は不明の場合もある）
- 生後、どのくらいたっているのか。
- いままでエサは何を食べていたか。
- ケージの温度は何度くらいになっていたか。
- 世話で気をつけるべきことは？

➡ セキセイ｜オス｜親
どのように飼育されていたか質問しよう。

アドバイス
いざというときのために動物病院をさがしておこう

　インコを迎えたら、まずは新しい環境になれさせることが大切です。でも、環境の変化によって小鳥が体調を崩すこともあるので、あらかじめ動物病院を探しておくことも忘れずに。

　小鳥を診察しない動物病院や、小鳥にはくわしくない獣医さんもいるので、事前にショップや雑誌、インターネットで情報を集めておきましょう。

知人に譲ってもらう
ヒナを増やした人なら、情報交換もできる

　インコを繁殖した友人から、ヒナを譲ってもらって里親になることもあるでしょう。この場合、親鳥も見ることができるのが、大きなメリット。もらってからも情報交換ができるなど、インコを飼う楽しみがますます広がりますね。

　インコの飼育には、さまざまな方法があります。これまでどのように飼っていたかを聞いたうえで、自分でも本や雑誌などで飼い方を調べ、正しい方法で飼うことが大切です。

インターネットで買う
インコの輸送など受け取り方法に注意して！

　インターネットでもインコを買うことができますが、写真で選ばなければならないケースが多いので、選び方が難しいといえます。また、輸送はインコにとってストレスになることを忘れずに。

　インターネットで買った場合でも、できるだけ直接受け取るのが理想です。

> インコの選び方

健康なインコを選ぶポイント

インコは上手に飼育すれば
10年以上も長生きするペット。
外見や行動をしっかりチェック。
元気でかわいいインコを選んで
わが家に迎えましょう。

➡ セキセイ オス 親

⬅ セキセイ オス 親
健康なインコかどうか、しっかり見極めて。

性別・年齢を選ぶ

オス・メスどっち？ヒナから飼うか人になれた若鳥が◎

飼いたいインコの種類を決めたら、家に迎える小鳥を選びます。羽色や顔つきなど、同じ種類でもいろいろです。どのインコがいいかな？

●**オスのほうがよく鳴く**

ヒナは性別が不明の場合もありますが、若鳥なら性別を選ぶことも可能。インコは一般的にオスのほうがよく鳴き、おしゃべりする鳥が多いようです。性格はメスのほうが気が強いといわれます。

実際は個体差があるので、オスメスにこだわらず、気に入ったインコを選ぶとよいでしょう。

●**手のりにするならヒナか若鳥がベスト**

手のりにするにはヒナから飼うのが一般的ですが、若鳥でも人になれている鳥はいます。小鳥を飼うのがはじめてなら、さし餌を卒業した中ビナや、生後数か月以上の若鳥を選んでもOKです。

インコ豆知識　おとなのインコを手のりにしたいとき

人がさし餌をしないで育った鳥は、ふつうは手のりになりません。おとなの鳥を手のりにするのは難しいですが、絶対にムリというわけではありません。成鳥を飼って手のりにしたいときは、手を出してもおびえない小鳥を選びましょう。

家に迎えたら、エサを使って根気よくならします。

➡ ボタン オス 若鳥
直感で気に入った小鳥を選ぶのがベスト。

インコのチェックポイント

インコは健康で元気に活動しているでしょうか？
小鳥の行動や体の各部をチェックして、健康状態をしっかり見極めましょう。

行動
元気に活動しているか
・よくエサを食べている。
・ケージの底にばかりいたり、うずくまったりしていない。
・ずっと羽毛を膨らませていたり、寝てばかりいない。

目
ぱっちりキレイか
きれいにぱっちりと開いて、目やにがついていない。

羽
色ツヤはよいか
両方の翼が脇にぴったりとついている。羽毛に汚れがなく、色ツヤがよい。

お尻
お尻のまわりはキレイか
肛門の周囲がフンで汚れていない。

ポイント！
インコは人に見られると元気なフリをします。はじめは遠くからこっそり観察しましょう。

鼻孔
鼻のまわりはキレイか
周囲が汚れたり、クシャミや鼻水が出ていない。

くちばし
キレイで汚れていないか
くちばしがきちんとかみあっている。変な呼吸音などをしていない。周囲が汚れていない。

脚・指
脚や指に異常はないか
脚が曲がったり、指が欠けたりしていない。

インコを持ち帰る

ショップでは、インコを小さめの紙箱に入れてくれます。狭くてかわいそうに思うかもしれませんが、大きなスペースだと中で暴れ、かえって危険。小さく暗い箱の中では小鳥は静かにしているので、そのまま早めに持ち帰ること。2、3時間以内の移動は、この方法で大丈夫です。

移動が長時間になる場合は、キャリーケースを用意しましょう。底に紙を敷き、エサと水も入れて持ち帰ります（P110 移動の方法を参照）。

箱に入れてくれるので、すばやく帰宅。

アドバイス
環境になれたらスキンシップをスタート

家に連れ帰ったら、用意しておいたケージに入れます。ケージになれるまで、静かに見守ること。インコがヒナでなく、若鳥以上に成長している場合は、環境になれてエサを食べているようなら、さっそくコミュニケーションを開始。名前を呼んだり、手のりインコとして遊んであげます（ヒナの世話はP76-91参照）。

落ち着いたら遊んであげよう。

飼育グッズ

ケージ＆飼育グッズを選ぼう

インコが暮らすケージの環境を
快適にととのえてあげましょう。
ケージ、止まり木、エサ入れなど
飼育に必要なグッズを紹介します。

▶ コザクラ メス 若親
ケージや止まり木はインコに合わせて選ぼう。

飼育に必要なモノは？
**ケージや止まり木、
エサ・水入れなど
インコに合わせて用意**

はじめにインコの住まいであるケージと、中にセットするグッズ類を用意します。

ケージや止まり木、エサ・水入れなどはさまざまな形・サイズのものがあります。ケージにセットされているものを使ってもOKですが、飼うインコの種類に合わせたものを選ぶのがベストです。

かならずそろえるモノ
- ケージ
- 止まり木
- エサ入れ
- 水入れ
- 底に敷くもの
 （新聞紙など）

必要に応じてそろえるモノ
- ペットヒーター
- 温湿度計
- キャリーケース
- プラケース
- おもちゃ

ケージ
インコが快適に暮らせる形やサイズを選ぶ

●シンプルな形がおすすめ
ケージはいろいろな形があります。上が屋根のようになった形や、底が丸いタイプは、見た目よりも意外に中が狭くなりがちです。

実際に使いやすいのは、シンプルな四角いタイプのケージ。シンプルな形のほうが、インコの居住空間も広く、そうじもしやすいです。また、巣箱の設置を考えると四角いタイプがベスト。

●塗装がないものを選ぶ
金網をピンクや水色に塗装したタイプもありますが、かじる力が強いインコには不向き。金網をかじって塗料が口に入ることもあるので、塗装されていないケージを選びましょう。

シンプルな形のケージが使いやすい。

●ケージのサイズは種類で決めよう

　ケージは、インコがのびのび過ごせる大きさのものを用意します。ケージの中を飛びまわるわけではありませんが、羽を広げたときにまわりにぶつかるようでは狭すぎます。頭から尾羽の先までの長さと、風切羽を広げたときの幅を考え、種類に合わせた大きさのものを選びましょう。

　また、手のりでないインコは、ケージの中だけで生活するため、手のりインコより大きめのケージを選ぶようにします。

ケージサイズの目安（手のりの場合）

セキセイインコ	タテ35cm×ヨコ35cm×高さ40cm
ラブバード	タテ40cm×ヨコ40cm×高さ45cm
オカメインコ	タテ45cm×ヨコ45cm×高さ55cm

小型ケージ●セキセイやラブバードを1羽飼うときに。

変形ケージ●巣箱を入れないならアーチ型もおしゃれ。

中型ケージ●セキセイやラブバードのペア、オカメインコに。前面が前に開く。

大型ケージ●オカメインコに。前面が大きく開き、上が取りはずせるタイプ。

手のりインコのケージ

手のりインコは出入り口が大きく開くタイプが◎

　手のり鳥用に市販されているケージには、出入り口が大きく開くタイプがあります。部屋に出して遊ぶとき、インコが出入りしやすく便利です。

アドバイス

巣引きをしたいなら大きめのケージをセレクト！

　ゆくゆくはインコをペアで飼って、ヒナを増やしたいと思っている人もいるでしょう。巣引きのときは、巣箱を設置するので、ある程度の大きさのケージが必要です。

　将来的に繁殖を考えているときは、はじめから巣箱を入れる余裕のあるサイズのケージを選びましょう。

巣箱をセットできる大きなケージをチョイス。

↑ セキセイ　オス　親
手のり用ケージはインコが出入りしやすい。

Part1　インコを家に迎える準備　……飼育グッズ

止まり木

種類に合った太さを選ぼう

●木製＆プラスチック製タイプ

多くの時間を止まり木の上で過ごすインコたち。止まり木を移動することで爪が自然に削られ、くちばしをこすりつけて手入れする動作もよく見られます。小鳥のことを考えると、木製の止まり木が自然でおすすめ。プラスチック製は、洗って清潔に保ちやすいことがメリットです。

●太めの止まり木を選ぶ

止まり木は太さも大切。ケージ付属の止まり木は、ラブバードやオカメインコには細すぎることがあります。爪の伸びすぎを予防するため、やや太めを選びましょう。

止まり木の太さの目安

○ 指が半分ほどしか回らない太さだと、爪先がしっかりとかかってちょうどよい。

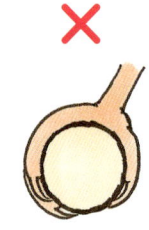

× 指が半分以上回ってしまうのは細すぎ。爪が伸びすぎる原因になる。

▼木製タイプ
いちばん一般的な止まり木。

▲簡易設置タイプ
ケージの好きな位置に設置できる。

▲太さいろいろタイプ
太い場所、細い場所がある。

▼プラスチックタイプ
好みの場所にセットOK。

【インコ 豆知識】
自然の枝を使った止まり木を使ってみよう

野生のインコは太い枝や幹に止まっていることが多いのですが、ケージの止まり木は太さが均一で細いものが多いため、爪が伸びすぎる原因にもなります。自然の枝が手に入れば、これを止まり木にするのもよいでしょう。

太いところと細いところがあって、インコが気に入った太さの場所を選べるし、かじったりして遊ぶこともできます。拾ってきた枝を入れるときは、かならず熱湯消毒をしてから日に当て、完全に乾燥させてから使いましょう。

▲自然の木のようにデザインされた止まり木。

▲自然の木を止まり木にした商品。

⬅ ヤエザクラ オス 若親
止まり木は「太いかな？」と思うくらいがちょうどよい。

↩ ヤエザクラ
オス 若親

エサ入れ・水入れ
食べやすさ・飲みやすさをチェック

●エサ入れは食べやすさを重視

エサ入れはケージに付属しているものを使えばOK。シードとペレットなど複数のエサを与える場合は、ほかの容器を併用して使います。ボレー粉などを少量入れるなら、金網にひっかけるタイプが便利。

ほかに、エサが飛び散らないようにカバーがついたタイプや底に置くタイプなど、いろいろな種類があります。インコの行動を見て、食べやすく、そうじがしやすいものを選びましょう。

●水入れは清潔に保ちやすいものを

飲み水用に水入れをかならず設置します。ケージ付属の水入れで十分ですが、中にフンをしてしまったり、エサを入れたりして汚してしまうときは、別の容器を試してみるとよいでしょう。外付けタイプは、水を汚すのを防ぐことができます。

水は毎日取りかえて、清潔にすることが大切なので、洗いやすいものを選びましょう。

> **アドバイス**
>
> #### 水浴び容器の選び方
>
> インコには、水浴びが好きな小鳥もいます。水浴びが好きなインコは、飲み水用の水入れでも水浴びをしてしまうので、わかりやすいでしょう。
>
> 水浴び好きのインコには、水浴び容器を入れてあげましょう。ただ、かならず水浴びをするわけではありません。手のりインコなら、放鳥したときに水浴び容器を用意してあげてもOKです。
>
> いろいろな水浴び用容器が市販されている。セキセイ＆ラブバードに。

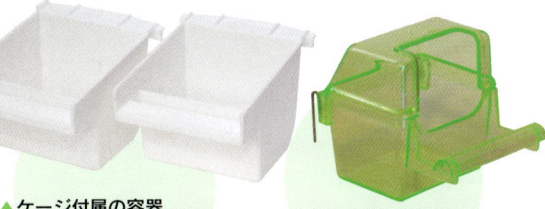

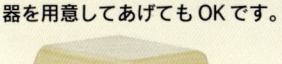

▲**ケージ付属の容器**
ケージの入口に合わせてあるので、交換がラクにできる。

▲**フタつきの容器**
エサを周囲にはじきとばすインコにおすすめ。

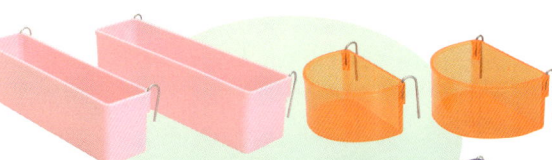

▲**引っかけるタイプ**
金網に引っかけて使用する。シードやペレット、水のほか、ボレー粉入れなどに。

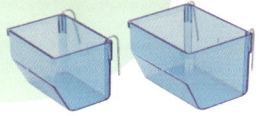

▲**陶器製の容器**
かじる力が強いインコに。底に置くには重さがあり、ひっくり返せないものがよい。

▲**小判型**
昔ながらの小判型の水入れ。水浴び用にも○。

▲**菜差し** 青菜を差して使う。

▲**クリップ**
青菜や粟穂を止めて使う。

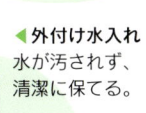

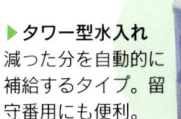

◀**外付け水入れ**
水が汚されず、清潔に保てる。

▶**タワー型水入れ**
減った分を自動的に補給するタイプ。留守番用にも便利。

Part 1 インコを家に迎える準備／飼育グッズ

保温グッズ
寒い季節＆ヒナや老鳥を暖かく

●ヒーターであたためる

　寒い季節、ヒナや老鳥、体調が悪いインコなどは、ケージを暖かく保つ必要があります。
　保温グッズを利用し、小鳥が快適に過ごせるように加温を。温度の上がりすぎや、インコの火傷に十分に注意し、安全に利用しましょう。

●ライトで明るさを補う

　室内飼いで、小鳥が日光に当たらない環境にいるなら、太陽代わりのライトを使ってもよいでしょう。電球型のタイプ、加温と日光と両方の働きがあるタイプなどがおすすめです。

▲プラントライト
植物用のライトで加温と日光代わりになるもの。病鳥の看護にも向いている。

▼パネルヒーター
底や横に設置して使用。ヒナ用ケージなどに。

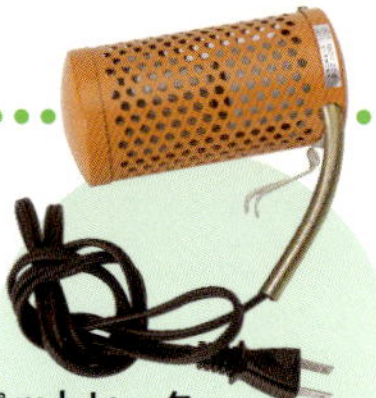

▲ペットヒーター
ヒヨコ電球を入れて使う。かならずカバーつきを選ぼう。

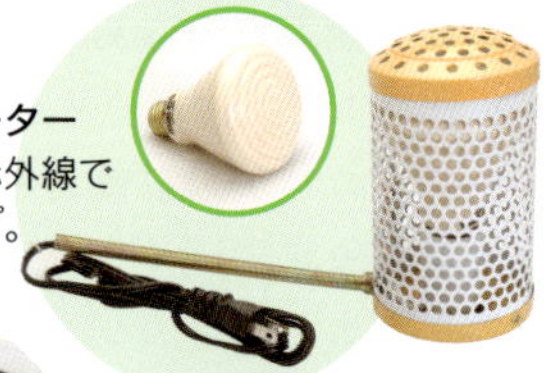

▶セラミックヒーター
光を出さずに遠赤外線であたためるタイプ。

▼小鳥用に市販されている遠赤外線ヒーター。ケージの外にマグネットで設置。一定温度を保つ。

▲フィルムヒーター
爬虫類飼育用に市販されているもので、一定温度を保つことができる。

その他の飼育グッズ
快適な飼育環境をととのえる必需品

●あると便利なグッズ

　ケージの底に敷く紙は、新聞紙が一般的。フンをチェックするには白い紙が便利なので、チラシやキッチンペーパーを利用するのもおすすめです。
　そのほか、環境をととのえたり、健康管理のためのグッズを紹介します。

⬅ ボタン　メス　若親
インコはくちばしが器用。ケージからの脱走に注意！

▲底に敷く紙
ケージの底には新聞紙を入れるのが手軽で便利。

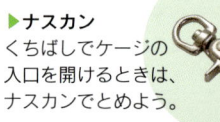

▶スケール
定期的な体重チェックで健康管理を。

▶ナスカン
くちばしでケージの入口を開けるときは、ナスカンでとめよう。

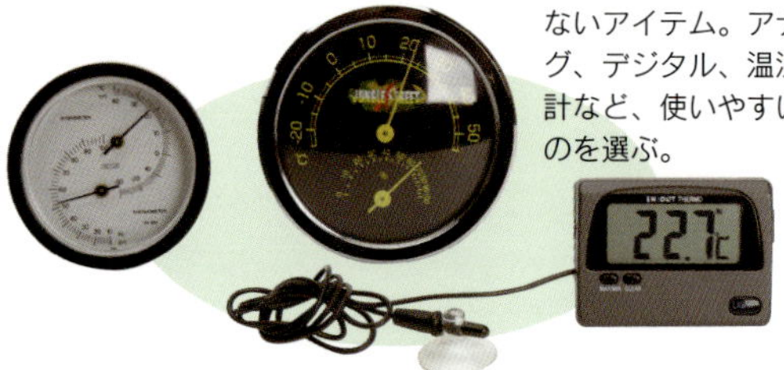

▼温度計・湿度計
温度チェックに欠かせないアイテム。アナログ、デジタル、温湿度計など、使いやすいものを選ぶ。

移動用ケース
病院へ行くときなどに必要

●キャリーケースは小さなケージ

インコをケージに入れたまま移動すると、暴れて羽を折ったりする危険性があります。移動のときは、専用のキャリーケースなど小さな容器に入れるようにしましょう。ケージ状で止まり木がついたタイプなどがあります。

●プラケースは万能選手

プラケースを移動用のケースとして利用してもOK。プラケースは、ヒナや病鳥の飼育ケースとしても利用できるので、ひとつ用意しておくと便利です。サイズが豊富なので、インコの大きさに合わせて選びましょう。

◀キャリーケース
通気性がよいので夏場の移動にぴったり。

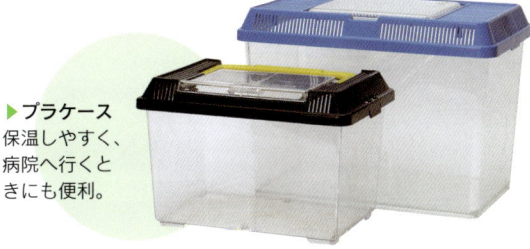

▶プラケース
保温しやすく、病院へ行くときにも便利。

そうじグッズ
ケージを清潔に保とう！

●小鳥用に準備をしておく

インコのケージをそうじするために、スポンジやブラシなどがあると便利です。使い古しではなく、小鳥用に専用のものを準備しておきましょう。

▼ペットスパチュラ
止まり木やフン切り網にこびりついたフンをこそげ取る。

▶ミニほうき
ケージの周囲に飛び散ったエサをそうじするのに便利。

◀スポンジ＆ブラシ
ケージの水洗いに。

COLUMN
インコを飼うにはどのくらいお金がかかる？

インコを飼いはじめるときには、いろいろなグッズが必要になります。少しずつ必要に応じてそろえればいいものもあるので、ここでは最低限必要なものだけを試算してみましょう。

■飼育グッズ代の目安■

ケージ	約2000～10000円
止まり木（ケージの付属品以外を使う場合）	約200～1000円
エサ入れ・水入れ（ケージの付属品以外を使う場合）	約200円～
底に入れるもの（新聞紙）	0円
エサ（皮つきシード）	約200円～
エサ（ペレット）	約1000円～
ペットヒーター	約4000円～
温湿度計	約500円～
キャリーケース	約1000円～

※金額は市販品のだいたいの目安です。

Part 1 インコを家に迎える準備 — 飼育グッズ

ケージのレイアウト

インコのケージをセットしよう

ケージはインコが使いやすい配置にセットするのがポイントです。止まり木やエサ入れなど位置を考えて入れましょう。

`セキセイ` `オス` `若鳥`
ケージのレイアウトはいろいろ試してみよう。

基本のセッティング
エサ入れと水入れ、止まり木などを設置しよう

ケージ内はインコの動線を考えて、エサが食べやすく、内部を広く使えるようにします。

●エサ＆水入れは食べやすい位置に

ケージ付属のエサ入れ、水入れは前面の設置場所につけます。ほかのエサ入れは、止まり木で食べられる場所か、手前部分の底に置くこと。取り出しやすい場所に入れるようにしましょう。

●止まり木は飛び移りやすさを考える

2本の止まり木を、インコが飛び移れる配置にして入れます。前側を低く奥を高くして段ちがいに入れるか、同じ高さで平行にしてもOK。

止まり木でフンをしたときにエサ入れに入ったり、もう1本の止まり木を汚したりしないように、ほかのグッズとの位置を考えてセッティングすることも大切です。

ケージ付属の止まり木は2本ですが、ケージの大きさにより、止まり木を増やしてもOKです。

●出入り口をとめて脱出を防止

ラブバードやオカメインコは、くちばしが器用で力も強いので、出入り口を開けてしまうことがあります。遊んでいるうちに外に出てしまうケースもあるので、ナスカンなどで出入り口をしっかり止めておきましょう。

●おもちゃはジャマにならない場所にセット

インコがケージになれてきたら、おもちゃを入れてもよいでしょう。インコが羽を広げたときにぶつかったり、移動するのにジャマにならない場所にセッティングします。

`セキセイ` `オス` `親`
レイアウトは小鳥が生活しやすいように。

ケージのレイアウト例

インコ用ケージの基本的なレイアウトです。
止まり木やおもちゃなどは、様子を見ながらセッティングを変えてもOK。

おもちゃ
ケージ内に1〜2個入れてもよい。インコが遊ばないときははずす。

青菜
菜差しに入れる。すぐ引き抜いてしまう鳥には、クリップを使うとよい。

温度計
温度が低すぎないか、1日の温度差が大きすぎないかチェックする。

止まり木
手前と奥に2本入れる。同じ高さ段ちがいにセット。2本以上入れてもよい。

エサ入れ②
ボレー粉などは止まり木のそばにかける。

エサ入れ①
ケージ付属のもの。主食のエサを入れる。

水入れ
ケージ付属のもの。

ナスカン
出入り口が開かないように止めておくと安心。

アドバイス

なれていないインコのケージは止まり木を1本手前にセット

　人になれていないインコをケージに入れると、奥の止まり木にのってしまい、なかなか外に出ようとしません。ある程度成長したインコを家に迎えて、これから手のりにしたいというときは、出てきやすい工夫をしましょう。

　はじめは止まり木を1本だけにして、手前に設置します。まずは、ケージの外からおやつをあげたり、金網ごしにコミュニケーションできるようにすることが大切です。なれてきたら、奥にも止まり木を入れてあげましょう。

止まり木を1本だけ手前に設置しよう。

➡ オカメ　オス　若親
ケージは掃除のしやすさを考えてセット。

ケージ底に入れるもの
新聞紙や白い紙がおすすめです。干し草もグッド

ケージの底にはフン切り網がついているので、ヒナや脚に問題のあるインコ以外は、これをセットして使うのが一般的。病気やケガのときなどは、フン切り網ははずしましょう。

新聞紙・紙を敷くのが一般的

底は引き出し式になっているケージが多く、新聞紙を入れて取りかえるようにすれば、フンやゴミを捨てるそうじが簡単です。

健康管理のためには、フンの状態をチェックすることも大切。普段は新聞紙でOKですが、ときどきキッチンペーパーなど白い紙を入れて、フンの色や状態をチェックするとよいでしょう。

アドバイス
ペットシーツは食べると危険 使わないようにしよう！

中型、大型インコなどのケージの底に、イヌ用のペットシーツを入れる人がいます。吸湿性があり、見た目にもいいのですが、インコ用としては問題があるのでやめましょう。ペットシーツをインコがつついて破いたり、中の凝固剤が口に入ったりすると危険です。

[オカメ] [オス] [親] ケージの底には新聞紙を敷くのがラク。

干し草ならかじって遊べる

ケージの底に干し草を入れるという方法もあります。小動物用としてペットショップで売られている干し草を底の引き出しに入れ、フン切り網はセットしてもしなくてもOK。

自然の素材で安心なうえ、インコがかじったりして遊ぶことができます。普段は1週間から10日間に1回、夏場は週に2回ほど交換して清潔に保ちましょう。

干し草を入れたケージは自然な香りがグッド。

干し草のメリット
- フンやエサの皮などが下に落ちていくので、ゴミやほこりが舞いにくくなる。
- インコがかじったりして遊べる。
- 底に転がったりするインコの場合、体が汚れにくくなる。

干し草の注意点
- 湿気がこもりやすいので、梅雨時や夏場はマメに交換しないと不衛生になる。
- フンの状態がチェックしにくい。

ケージの置き場所

温度や日当たりに注意。落ち着ける場所に置こう！

　手のりインコのケージは、人がいる時間が多いリビングに置くのがおすすめです。1日中薄暗い玄関や、湿度が高すぎる水回りの近く、人がいなくて寒い部屋などには置かないようにしましょう。また、人がいる場所でも逆にうるさすぎたり、エアコンの風が直接当たったりする場所は要注意。

　ケージを置く環境が悪いと、健康に悪いだけでなく、ストレスの原因にもなりかねません。

　もっとも理想的な置き場所は、1日の温度差が少なくて朝日が当たるところ。直射日光が当たりすぎたり、すきま風が入ったりせず、適度な日光と風通しがあることが大切です。

- セキセイ／オス／親
- セキセイ／オス／親　インコが快適に暮らせる場所にケージを置くこと。

こんな場所はＮＧ！

- 朝、晩の気温差が激しい場所や軒下。寒暖差が大きいと体調を崩しやすい。
- 真夏は暑すぎないよう注意が必要だが、エアコンの風が直接当たるところは避けること。 
- ネコやカラスなどに襲われる危険があるベランダや庭など。同居のペットにも注意しよう。 
- テレビやオーディオが騒がしかったり、出入り口に近い場所は落ち着かない。 
- 直射日光が当たる場所は日射病の原因になるので要注意。 
- まったく日が当たらない、1日中暗いところはストレスや換羽の失敗の原因になる。 

Part 1　インコを家に迎える準備……ケージのレイアウト

おもちゃの種類と選び方

インコがよろこぶ
おもちゃをさがす

**好奇心旺盛なインコたちは、
カラフルなおもちゃや鏡、
音の鳴るものが大好きです！**

オカメ　オス　若鳥
どんなタイプのおもちゃが好きか試してみよう。

おもちゃ選びのポイント
のったり、つついたりインコが楽しめるおもちゃがいっぱい！

　インコはカラフルなものに反応してつついたり、ブランコやハシゴを登ってみたりと、おもちゃで遊ぶのが大好きです。いろいろなおもちゃが市販されているので、好みで選んで入れてあげるのもよいでしょう。
　インコがおもちゃを気に入れば退屈しのぎにもなり、ゴキゲンで遊ぶようになります。音がでるもの、かじるもの、のれるものなど、インコによって気に入るものがちがうので、ケージに入れて試してみましょう。

● **おもちゃは安全性と大きさを重視**
　おもちゃでケージが狭くならないよう、大きさに注意します。インコにとってメインの遊びは「かむこと」です。かじっても安全で、簡単に壊れないおもちゃを選んでください。

こんなおもちゃはダメ！

- ヒモ、リボン、レースなど、細かくほぐれてしまう繊維を使ったもの。
- 輪ゴムなど首をつる危険があるもの。
- やわらかな小さなビーズなど、飲み込む危険性があるもの。
- とがったもの。
- 割れる可能性のあるもの。
- かじって塗料などが口に入るもの。

おもちゃは安全なものを選ぶこと。

Part 1 インコを家に迎える準備 ……おもちゃの種類と選び方

いろいろなおもちゃ

どんなおもちゃが気に入るかな？
インコによって好みがちがうので、遊ぶかどうか試してみましょう。

登る・のる

インコは脚でものをつかむのが得意。ブランコやはしごにも上手にのります。

つつく・動かす

くちばしでつついたり、かじったりおもちゃを動かして楽しみます。

音を出す

鈴つきタイプなど、つつくと音が出るおもちゃなどもインコに人気。

31

仲間になる

鏡やインコの顔型のおもちゃは、インコが話しかけて遊びます。

おもちゃの入れ方

こわがるならケージの外でおもちゃになれさせよう

おもちゃを急に見せると、こわがって近づかなかったり怒ったりするインコもいます。臆病な性格の小鳥だと、ケージに入れたおもちゃをよけて、金網にはりついてしまうこともあるのです。

おもちゃは突然入れるのではなく、はじめはケージの近くに置いたり、外で見せたりしてみましょう。ちょっとつついたり、興味を示すようになったら、中に入れても大丈夫です。

いつまでもこわがったり、まったく興味がないときは、無理に入れないこと。

コザクラ メス 若鳥
鏡や鳥型のおもちゃには、オスはエサを吐き戻す行動をとることがある。

新しいオモチャだよ！
Pi♪

新しいおもちゃは、まずケージごしに見せてみよう。

コザクラ メス 中ビナ
インコは階段を登るのも得意。

どんなインコを飼おうかな？

PART 2

インコの種類と生息地

飼いたいインコの種類を選ぼう！

それぞれにかわいらしく
表情も豊かなインコたち。
大きさ、色、性格を知って
お気に入りのインコを見つけて！

オカメ　メス　若鳥
まず好みのインコを選ぶことからスタート。

種類を決める
ポピュラーなセキセイからオカメや大型インコまで

●**色が美しいセキセイ＆ラブバード**
　セキセイインコやラブバードなどの小型インコは、もっとも代表的な手のりインコ。カラフルな色変わりのバリエーションも多く、小さめのケージで手軽に飼いやすい小鳥です。

●**個性的な中大型インコ**
　オカメインコを代表とする中型インコは、個性的な魅力がいっぱい。中型、大型と体が大きくなると、家族の一員としての存在感も増します。
　中大型インコの飼育には、ある程度の大きさのケージが必要です。また鳴き声が大きいことなども考えたうえで、飼う種類を選びましょう。

	小型インコ		中型インコ
	セキセイインコ	ラブバード	オカメインコ
人になれる？	◎ とてもなれやすい	○ よくなれるが、かむこともある	◎ とてもなれやすい
おしゃべりは？	◎ おしゃべりが得意	△ ほとんどおしゃべりはしない	○ おしゃべりする小鳥もいる
繁殖は？	◎ 比較的繁殖しやすい	○ 繁殖できる	○ 繁殖できる
声の大きさ	よく鳴いたりしゃべったりしているが、声は小さい	やや大きい金属的な鳴き声。常に鳴いているわけではない	やや大きい長鳴き。常に鳴いているわけではない

Part 2 どんなインコを飼おうかな？……インコの種類と生息地

● インコの生息地 ●

- コザクラインコ ➡ P46
- ボタンインコ ➡ P46
- ヨウム ➡ P70

アフリカ

- セキセイインコ ➡ P36
- オカメインコ ➡ P58
- キキョウインコ ➡ P55

オーストラリア

- マメルリハ ➡ P54
- アケボノインコ ➡ P66
- ボウシインコ ➡ P71

南米

● 体の各部の名称 ●

- 頭頂（とうちょう）
- 額（ひたい）
- 頸部（けいぶ）
- ろう膜（まく）
- くちばし
- のど
- 背部（はいぶ）
- 胸部（きょうぶ）
- 腰（こし）
- 脇（わき）
- 腹部（ふくぶ）
- 上尾筒（じょうびとう）
- 脚（あし）
- 下尾筒（かびとう）
- 風切羽（かざきりばね）
- 上くちばし
- 尾羽（おばね）
- 冠羽（かんう）
- 下くちばし

● インコの分類 ●

```
オウム目
├─ オウム科
│   └─ オカメインコ
└─ インコ科
    ├─ ラブバード（コザクラインコ・ボタンインコ）
    └─ セキセイインコ
```

インコ豆知識 インコの大きさは体長であらわす

セキセイインコの体長が約20㎝と聞くと、意外に大きいと思いませんか？ それに比べてラブバードは体長約16㎝です。これは、鳥の大きさを表す「体長」「全長」が、「頭から尾羽の先まで」と決まっているからです。

35

Budgerigar
セキセイインコ

ブルーやグリーン、イエローなどの美しい羽色、
かわいいおしゃべりやさえずりが魅力の代表的な手のりインコ。

DATA

分類 ● インコ科セキセイインコ属
分布 ● オーストラリア全域
体長 ● 約20㎝
体重 ● 約30〜40g
寿命 ● 8〜15年
価格 ● 約2,500円〜
　　　（色変わりは約5,000円〜）

セキセイインコとは
飼いやすくてかわいいポピュラーなインコ

　野生のセキセイインコは、オーストラリアの草原地帯で群れをつくり、種子や草などを食べて生活しています。

　「背黄青インコ」という和名のとおり、原種は緑と青を基調として、黒い模様が入っているのが特長。色変わりでは、黒の模様が部分的に抜けたり、全体的に薄くなったりと、さまざまな色のバリエーションが見られます。

風切羽
色や模様がさまざまに出る美しい羽。

脚
前に2本、後ろに2本指のある対趾足。

目
ノーマル系は黒目。ハルクイン種以外は、成鳥になると黒目の周囲が白くなる。色素が欠けるアルビノ系は赤目。

耳
目の後ろの羽毛に隠れている。

鼻・くちばし
鼻の穴があるろう膜の部分は、オス、メスで色がちがう。

お尻

尾羽
長い尾羽が特長。

ノーマル

原種に近いノーマルのセキセイインコは、頭から背、風切羽まですべてに黒い模様が入るのが特長。頭が黄色のグリーンと、頭が白いブルーのノーマルがいます。

Part 2 どんなインコを飼おうかな？……セキセイインコ

ノーマルブルー

↑ メス 中ビナ

↑ メス ヒナ

↑ メス 中ビナ

ノーマルグリーン

→ オス 中ビナ

→ オス ヒナ

↑ オス 中ビナ

アルビノ

顔や背中の模様が抜け、色素が欠けて白一色の羽色がアルビノ。
目の色は一般的には赤目ですが、まれにブドウ目も見られます。

[オス][親鳥]

インコ豆知識　赤目とブドウ目

色素が欠けたアルビノ種などの場合、多くは赤目になります。赤目は3、4歳以上のおとなになると瞳部分が黒くなってきます。ブドウ目は赤目と似ていますが、瞳が赤くてまわりは黒い目のことをいいます。

[オス][親鳥]

ルチノー

アルビノ同様に黒い模様などの色素が欠け、全身が黄色一色になっています。
目は赤目、またはブドウ目です。

[メス][親]　[オス][親]

パイド

ジャンボセキセイの血が入っている系統。腹部に色が出るハルクインとは逆に、腹部に白が入ります。

[オス][親]
ブルーパイド

グリーンパイド
[メス][親]

Part 2 どんなインコを飼おうかな？……セキセイインコ

ハルクイン

頭部から胸部は同じ色で腹部に色が入り、頭部から背中への黒い模様はほとんど消えているのが特長。黄ハルクイン、白ハルクイン、4色ハルクインなど。4色ハルクインは、白と黄色が混ざったクリーム色と、グリーンとブルーが混ざったバイオレット色がでます。合計4色のためについた名前です。

オス 親

黄ハルクイン

オス 親

パステルカラー
ハルクイン
イエロー系
バイオレット

オス 若親

パステルカラー
ハルクイン
ホワイト系ライラック

4色ハルクイン

オス 親

ホワイト系
スパングル
パステル
ライラック

オス 親

パステルスパングル
レインボー系ライラック

オス 親

ホワイト系
スパングル
オパーリン
コバルト

オス 親

パステルスパングル
イエロー系バイオレット

メス 親

スパングル

ジャンボセキセイの血が入っている系統。背中から風切羽への黒い模様が、縁取りのように細くなっています。

ウイング系

背と肩羽の
黒い模様は大変薄くなっています。
ブルー地に白の
ホワイトウイング系、
グリーン地にイエローの
イエローウイング系
などがいます。

ケンソン系

イギリスのケンソン氏が作出した系統。黒の色素が模様として残っているノーマル、黒が欠けて淡い色合いになったパステルなど、さまざまなカラーバリエーションがあります。

ホワイト系　ウイング
ライラック
メス　若鳥

ケンソン系ノーマル
オパーリン　グリーン
オス　親

ケンソン系パステルカラー
オパーリン　バイオレット
オス　親

ケンソン系パステルカラー
レインボー　ライトグリーン
オス　親

ケンソン系パステルカラー
レインボー　ライトブルー
オス　若鳥

インコ 豆知識　名前とカラーの見方

ケンソン系セキセイインコの名前は、①黒の色素の有無、②色の出方、③色素の順に示されています。この表記を知っていれば、名前だけでどんな色合いのセキセイインコかがわかります。

①黒の色素の有無……色素があれば「ノーマル」、なければ「パステルカラー」。

②色の出方……「オパーリン」または「レインボー」（P 41 参照）。

③色素……「ブルー」「グリーン」「バイオレット」など。

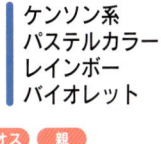

Part 2 どんなインコを飼おうかな？……セキセイインコ

→ メス 親

← オス 親
ケンソン系パステルカラー
レインボー ライラック

↘ オス ヒナ

ケンソン系
パステルカラー
レインボー
バイオレット

← オス 親

→ オス ヒナ

↑→ オス 親
ケンソン系
パステルカラー
レインボー
コバルト

インコ豆知識　オパーリンとレインボーのちがい

　セキセイインコにはブルー系、グリーン系のカラーがいます。ブルー系と白、グリーン系と黄色は同系統のカラーで、この範囲の色（ホワイトとライトブルー、イエローとグリーンなど）が出たものがオパーリンです。

　オパーリンとはちがって、ブルー系の羽色にちがう系統の色であるイエローが頭に出たものをレインボーと呼びます。

◀ ブルー系　グリーン系 ▶

ホワイト	スカイブルー	ライトブルー	ブルー	バイオレット	ダークグリーン	グリーン	ライトグリーン	イエロー	クリーム

同系統の配色はオパーリン。
ブルーとグリーンの両方の系統の配色が入るのがレインボー。

芸もの セキセイ

頭部、肩、背など、羽の一部が逆立ったような巻き毛になったタイプ。羽に巻き毛があるものを羽衣、頭部にあるものを梵天（ぼんてん）と呼びます。

↑ オス 親
ノーマルブルー
両羽衣

↑ メス 親
ブルーパイド
背巻き

↑↑ オス 親
グリーンパイド オパーリン
両羽衣

← オス 親
白パイド系
コバルト
腹巻き両羽衣

↑ オス 親
スパングル
イエロー系ブルー
両羽衣

↑ オス 親
白パステル ハルクイン
両羽衣

↩ メス 若親
オパーリンブルー
胸巻き両羽衣

ジャンボセキセイ

普通のセキセイインコよりやや大きく、体長が23㎝前後、体重は約50gある大型セキセイ。頭部も大きく、張り出しています。

ジャンボセキセイ
ブルーパイド
⬆⬇ | オス | 親

ジャンボセキセイ
ホワイト
⬇ | メス | 若親

ジャンボセキセイ
ノーマル　ダークブルー
⬇ | メス | 中ビナ

ジャンボセキセイ
ノーマル　スカイブルー
⬆ | オス | 中ビナ

ジャンボセキセイ
ノーマル　コバルト
⬆ | オス | 親

Part 2 どんなインコを飼おうかな？……セキセイインコ

セキセイインコと楽しく暮らそう！

飼いやすく、丈夫なコンパニオンバード。繁殖もカンタンなので、ヒナを増やしたい人にもおすすめです。

> セキセイ／オス／親
> はじめてインコを飼う人におすすめの小鳥。

> セキセイ／オス／親

飼いやすさナンバーワン
おしゃべり上手でにぎやかなインコ

セキセイインコは日本で飼われている手のりインコの中で、もっともポピュラーなインコ。明治・大正時代から、ペットとして広くかわいがられてきました。巣引き（P128）も簡単です。

体は小さいですが、美しい羽色、かわいいしぐさやさえずりなど、とても存在感があります。人にとてもよくなれ、おだやかな性格が魅力です。

1羽で飼ってもよいですし、ペアにしたり、相性がいい個体同士なら複数飼いもOK。

> セキセイ／オス／親
> 手のりセキセイはとてもかわいい。

おしゃべりが得意！

セキセイインコは小型インコの中では、おしゃべりが得意なコが多い種類です。自分の名前や短い単語を覚えたり、長いお話や住所まで覚えられるセキセイもいます。

> セキセイ／オス／若親
> おしゃべりができないコもいる。

ひとり遊びが好き！

体は小さくても、積極的にいろんなものに興味を示す性格。おもちゃで遊んだり、鏡に話しかけたりと、好奇心旺盛な小鳥が多いのもセキセイインコの特長です。

> セキセイ／オス／親　お気に入りのおもちゃを見つけてあげよう。

Part 2 どんなインコを飼おうかな？ ……セキセイインコと楽しく暮らそう！

セキセイインコのケージレイアウト

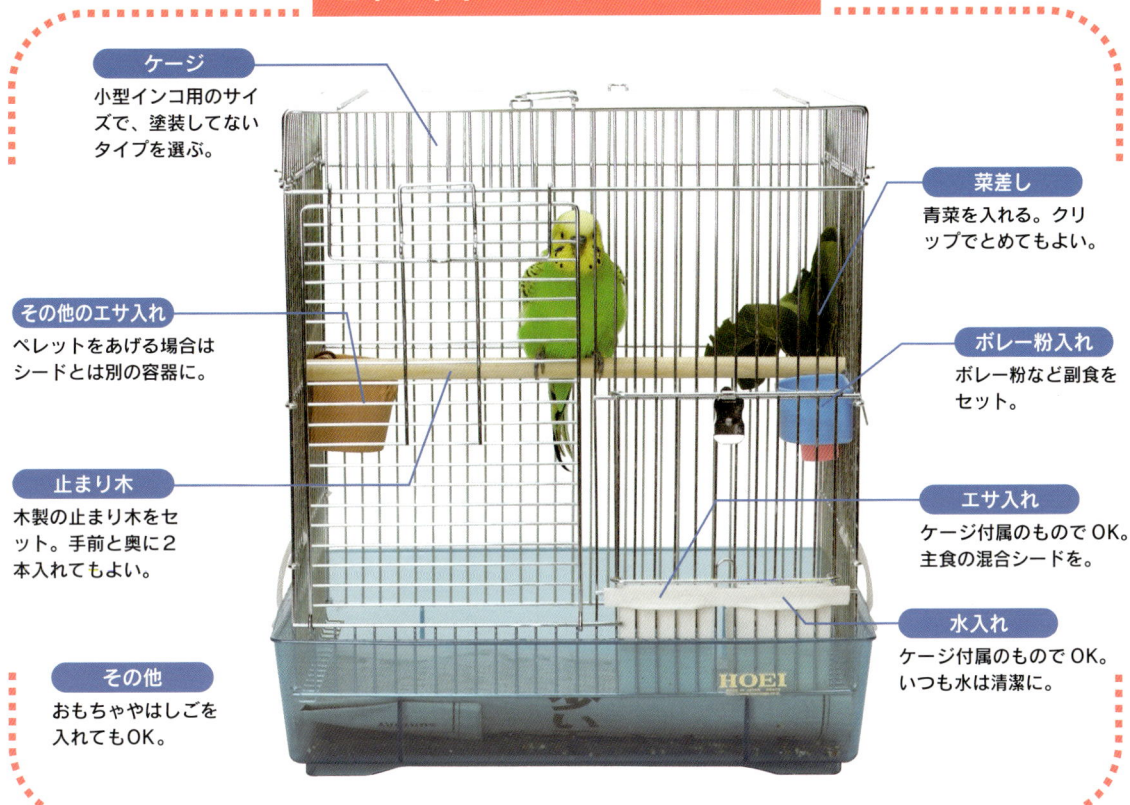

ケージ
小型インコ用のサイズで、塗装してないタイプを選ぶ。

その他のエサ入れ
ペレットをあげる場合はシードとは別の容器に。

止まり木
木製の止まり木をセット。手前と奥に2本入れてもよい。

その他
おもちゃやはしごを入れてもOK。

菜差し
青菜を入れる。クリップでとめてもよい。

ボレー粉入れ
ボレー粉など副食をセット。

エサ入れ
ケージ付属のものでOK。主食の混合シードを。

水入れ
ケージ付属のものでOK。いつも水は清潔に。

セキセイインコのエサ

　主食には、皮つき混合シード（P95）か小型インコ用のペレット（P96）、または両方を与えます。ペレットを食べないときや、皮むき混合シード（P95）を与える場合は、青菜（P98）やボレー粉（P102）などの副食を積極的に与え、栄養バランスがよい食生活になるようにしましょう。ハコベやクローバーなどの野草も大好きです。
　おやつは与えなくてOKですが、あげる場合は、シードなどを固めた小型インコ用の市販品（P101）や麻の実（P101）などを、少量だけにします。
　人の食べ物はあげないこと。セキセイインコは、意外と太りやすいので注意しましょう。

セキセイインコの世話

　1日1回、シードの皮や汚れたエサを捨て、新しいエサを足します。水は毎日交換を。ケージの底に入れた紙は毎日取りかえて、清潔に保つことが大切です。月1回はケージの大そうじ（P105）をしてください。
　水浴びが好きなら、水浴び容器をセットしてもOK。また、霧吹きなど（P107）で水浴びをさせてもよいでしょう。

セキセイ｜メス｜親　水浴びが好きなコも多い。

45

Peach-face lovebird & Masked lovebird
コザクラインコ & ボタンインコ

ラブバードの愛称で親しまれるコザクラインコとボタンインコ。
個性豊かな性格と鮮やかな色彩が人気です。

ラブバードとは
とても表情が豊かでカラフルな色がキレイ

　コザクラインコ、ボタンインコなどインコ科ボタンインコ属の小鳥を総称してラブバードと呼びます。アフリカの暖かく湿度の高い地域で、小さな群れをつくって生息するインコです。
　ペアになるととても仲よくなる反面、相性が悪い相手は徹底的に攻撃することがあります。自己主張がはっきりしていて、表情も豊か。
　体に対して頭部やくちばしが大きく、かむ力が強いので、中型インコと分類される場合もあります。羽色はカラフルでさまざまな色合いがあり、つぶらな瞳がかわいいのも魅力です。

目
黒目またはブドウ目。

コザクラインコ

ボタンインコは目の周りに裸眼輪という白く羽毛のない部分がある。

耳
目の後ろ部分に羽毛に隠れている。 

鼻・くちばし
くちばしの上のきわにごく小さく鼻の穴が見える。くちばしは大きく、かむ力が強い。

尾羽
体の大きさのわりに短いがカラフルで美しい。

風切羽

脚
前後に2本ずつ指が出ている対趾足。

お尻

コザクラインコ

目が大きく、額に鮮やかな色が入った姿が愛らしいコザクラインコ。原種のノーマルから、数多くの色変わりがつくられています。

DATA

- 分類 ● インコ科ボタンインコ属
- 分布 ● アフリカ中南西部
  （アンゴラ、ナミビア）
- 体長 ● 約17㎝
- 体重 ● 約50～70ｇ
- 寿命 ● 10～15年
- 価格 ● 約7,000円～
  （色変わりは約12,000円～）

Part 2 どんなインコを飼おうかな？ ……コザクラインコ＆ボタンインコ

↻｜メス｜親

↑｜オス｜親

↑｜ヒナ

ノーマル

原種のノーマルは額が赤、体がグリーン、腰がブルーと美しい色合い。

➡｜オス｜親

➡｜メス｜若親

ゴールデンチェリー

日本で作出され、ジャパニーズイエローとも呼ばれる。体はイエロー、目はブドウ目。

47

コザクラインコ

インコ豆知識　ラブバードという名前の秘密

「ラブバード」の愛称は、この種のインコがペアになると大変仲がよいことから来ています。人にもなれやすく、手のりインコとして1羽で飼うと飼い主に対しても愛情豊かにこたえてくれるはず。それだけに、急に遊んであげなくなると、ストレスがたまりやすい面もあります。

オス　親
ラブバードのペアはとても仲よし。

メス　親

オス　老鳥

アメリカンイエロー
ノーマルより全体的に色が薄く、イエローからグリーンまで色合いに幅がある。目は黒目。

ブルーチェリー
額はアンズ色、体はターコイズブルー、腰はブルー。

オス　若鳥

メス　老鳥

オリーブ
メス　若鳥

グリーン系でダーク因子を持ったオリーブ。

ダークモーブ
メス　若鳥

深く緑がかったグレーの羽色。

Part 2 どんなインコを飼おうかな？ …… コザクラインコ & ボタンインコ

シナモングリーン
体色がシナモン色になった種類。
メス 若鳥

オレンジフェイス ルチノー
頬、額がオレンジ色になる色変わり。
メス 若鳥

ホワイトフェイス オーストラリアンシナモン コバルトバイオレット
体の色が減色しシナモンになったタイプ。
ヒナ

ホワイトフェイス シナモン パイド
頬、額が白いホワイトフェイスの色変わり。
メス 親
メス 若鳥

ヤエザクラインコ

コザクラインコとボタンインコを交配した種類。オスには繁殖能力はないですが、コンパニオンバードとして楽しむには問題ありません。

メス 親
メス 若親
メス 親

49

ボタンインコ

コザクラインコと体型は似ていますが、体はやや小さめ。
目のまわりに白い輪があるのが特長です。

DATA

分類 ● インコ科ボタンインコ属
分布 ● アフリカ東部から南部
　　　（タンザニア、ザンビア）
体長 ● 約17㎝
体重 ● 約50～70ｇ
寿命 ● 10～15年
価格 ● 約8,000円～

ルリコシボタン

体は緑で、腰が瑠璃色をしていることから名づけられている。

⬅ オス 若鳥

➡ オス 若鳥

キエリクロボタン

頭部が黒、体が緑で、えりまきをしているように首の部分が黄色い。
多くの色変わりが、この種から作出されている。

⤵ メス 親

⬆ オス 若鳥

インコ 豆知識　ボタンインコの原種

　日本に入っているボタンインコの原種は、キエリクロボタンインコ、ルリコシボタンインコの2種。ボタンインコはそれぞれ独立した種類ですが、近しい種類のため混血が可能で、多くの色変わりが作出されています。

Part 2 どんなインコを飼おうかな？ ……コザクラインコ＆ボタンインコ

ヤマブキボタン

キエリクロボタンが全体的に淡い色合いになり、ヤマブキの花から名づけられている。

↑ オス 若鳥

ブルーボタン

シロボタンよりも頭部、体などの色が濃く、首の部分は白。

↷ メス 若親　↷ オス 若親

→ メス 親

アルビノボタン

色素が欠けて、全身が白くくちばしがピンク。

↑ メス 若鳥

ダイリュウート ブルー イノスプリットボタン

全体の羽色が薄く出るダイリュウート・イノスプリット。体色は淡くても目は黒い。

→ メス 若鳥

ラブバードと楽しく暮らそう！

カラフルで、人によくなれるラブバード。
愛情を注いであげればあげるだけ、
こたえてくれる
コンパニオンバードです。

ボタン　メス　親
好奇心が旺盛で表情豊か。

カラフルな個性派インコ
愛情豊かで明るい性格！コザクラ＆ボタンインコ

ラブバードは、大きな丸い目とずんぐりした体つきで人気のインコ。色変わりの種類が多いこともファンが多い理由です。

かむ力が強いので、ケージは塗装をしていない丈夫なものを使います。紙をちぎったり、おもちゃをかじるのが大好きなので、かじっても安心なおもちゃを入れてあげましょう。

野生のラブバードは、木のうろなどに巣を作っています。そのため、狭い場所に入り込むのが大好き。ケージの中に、寝床になるようなハウスを入れてあげるとよいでしょう。ただし、巣箱の代わりになって卵を生みすぎるときは、はずしておくこと。エサ入れを巣にしてしまうこともあるので、その場合は小さいエサ入れに交換します。

コザクラ　メス　親
とてもよくなれる甘えん坊。

ペアで飼うのも楽しみなインコ

ラブバードは好き嫌いがはっきりしていて、相性が悪いと激しくケンカすることもあります。しかし、気に入った相手とペアになると、とても仲よくなって巣引き（P128）も可能です。どんな色のヒナが生まれるか、繁殖する楽しみもあります。

コザクラ　メス　親

コザクラ　オス　親
仲よくするところを見るのも楽しい。

かむ力が強いから要注意！

大きなくちばしをもつラブバードは、かむ力が強い種類。手のりでもかまれることがあるので、かみグセをつけないように注意しましょう（P120）。縄張り意識が強く、ケージに手を入れられるのを嫌がる小鳥もいます。

ボタン　メス　中ビナ　かまれないようにしつけを！

Part 2 どんなインコを飼おうかな？……ラブバードと楽しく暮らそう！

ラブバードのケージレイアウト

ケージ
小型から中型インコ用のサイズで、金網部分に塗装してないものを選ぶ。

止まり木
脚に合う太さのものを手前と奥に2本セット。

その他のエサ入れ
ペレットなどを入れる。

エサ入れ
ケージ付属のものでOK。主食のエサを入れる。

ハウス
狭い場所に入るのが好きなので、ハウスを入れてもOK。

布製ハンモック

プラスチック製ハウス

菜差し
ぬいてしまうときはクリップでとめる。

ボレー粉入れ
ボレー粉やおやつなど副食を入れる。

水入れ
ケージ付属のものでOK。外付けタイプでもよい。

その他
入口を開けてしまうときはナスカン（P24）でとめる。

おもちゃ
かじって遊ぶおもちゃや鏡が好き。好みのものを入れてあげよう。

ラブバードのエサ

　主食には、皮つき混合シード（P94）か小型インコ用ペレット（P96）、または両方をあげます。ペレットを食べないときや、皮むき混合シード（P95）が主食なら、青菜をかならず与えること。ボレー粉もセットしてください。

　おやつ（P100）は、麻の実、ヒマワリの種、市販のラブバード用おやつミックスなどをあげるとよろこんで食べますが、あげすぎには注意。ヒマワリの種で1日5粒程度にします。

ラブバードの世話

　毎日エサをチェックし、皮や汚れたエサを捨て、新しいエサを足します。水は毎日交換してください。ケージの底の紙は毎日取りかえましょう。月1回は大そうじをします（P105）。

　ラブバードの生息地は、温暖で多湿な気候です。冬はケージを保温するのがおすすめ（P106）。ラブバードは水浴びが好きなコが多いので、水浴び容器を設置したり（P107）、霧吹き（P107）をしてあげるとよいでしょう。

いろいろな小型インコ

手のりインコとしても飼いやすいそのほかの小型インコたちを紹介します。
小型インコ類の寿命は約 10 〜 15 年です。

マメルリハ

ブルー ↑ オス 親

↑ メス 親　↑ オス 親
ノーマル

ルチノー
→ メス 親

↑ オス 親

DATA
分類 ● インコ科ルリハインコ属
分布 ● エクアドル、ペルー
体長 ● 約 12 ㎝
価格 ● 1ペア（ノーマル）15,000 円〜

↑ オス 親
ローズ
↗ オス 親

アキクサインコ

DATA
分類 ● インコ科キキョウインコ属
分布 ● オーストラリア中部、西部
体長 ● 約 19 ㎝
価格 ● 1ペア（ノーマル）16,000 円〜

Part 2 どんなインコを飼おうかな？……いろいろな小型インコ

サザナミインコ

DATA
- 分類●インコ科サザナミインコ属
- 分布●中米から南米
- 体長●約15㎝
- 価格●1ペア（ノーマル）18,000円〜

↑ メス 若鳥 アルビノ

コバルト → オス 若親

ノーマル → オス 親

← メス 親

ヒムネキキョウインコ

DATA
- 分類●インコ科キキョウインコ属
- 分布●オーストラリア南部
- 体長●約20㎝
- 価格●1ペア 35,000円〜

ホワイトブルーブレス ↙ オス 親

ノーマル ← オス 親

レッドベリード ↑ メス 親
→ オス 若親

↑ メス 親

キキョウインコ

DATA
- 分類●インコ科キキョウインコ属
- 分布●オーストラリア東南部
- 体長●約20㎝
- 価格●1ペア（ノーマル）18,000円〜

小型インコと楽しく暮らそう！

体が小さく、愛らしい小型インコたち。
美しい姿を楽しむのはもちろん、
手のりインコにもなります。

← マメルリハ オス 親
かわいらしい姿を楽しもう。

■ 小型インコのケージレイアウト

小型インコの飼い方は、基本的にはセキセイインコやラブバードと同様です。ケージは、尾羽が長い種類は、やや高さと奥行きのあるものを選ぶとよいでしょう。エサ入れや水入れなどのセッティングは、セキセイ（P45）と同じでOKです。

■ 小型インコのエサ

エサは皮つき混合シード（P94）か小型インコ用のペレット（P96）、または両方を与えます。種類によって、カナリーシードなどの高脂質のシードを増やしたり、エン麦、ソバの実、果物などをあげてもよいでしょう。ボレー粉も与えます。

マメルリハの飼い方

●きれいな羽色で人気

ノーマルのほか、ブルー、イエロー、ルチノー、アルビノなどがいます。野生のマメルリハは、熱帯の森林や乾燥地帯の落葉樹森林などに生息し、草の種子、サボテンの実、果実などを食べています。繁殖期には群れをつくりますが、ペア以外ではケンカするので要注意！

●小さな体のわりに大食漢！

混合シードや小型インコ用のペレットのほか、ドライフルーツや生の果物、野菜なども食べ、体のわりに大食です。かむ力が強く、おもちゃや止まり木をよくかじって遊びます。

↑ マメルリハ オス 親
1羽飼いかペア飼いがおすすめ。

サザナミインコの飼い方

●前のめりで歩く姿が独特

ノーマルはグリーンで、色変わりはブルー系、ルチノー、アルビノ、モーブ、コバルトなど。
野生種はサバンナや亜熱帯の森林に生息し、木の上を歩く姿がよく見られます。エサは混合シードにカナリーシード（P95）を少し多めにブレンド。ペレットもおすすめです。おやつにヒマワリの種、麻の実、野菜などをあげてもよいでしょう。

●繁殖しやすいインコ

性格はおとなしく、動きもゆったりとしているのが特長。鳴き声が小さく、ペア以外の複数飼いもできるインコです。繁殖しやすく、多産で一度に5個以上の卵を生むことも多くあります。

→ サザナミ オス 若親
温和な性格のインコ。

アキクサインコの飼い方

●おとなしい手のりインコ
キキョウインコ属は手のりインコになりますが、おとなしくて臆病なので、べったり甘えるコは少ないかもしれません。それぞれの性格に合わせて接してあげましょう。

ノーマルは額がブルーを帯びたグレーで、胸は薄い紅色。下腹部は水色です。右の写真はローズという色変わりの品種。

●高さのあるケージで飼おう！
体に対して尾羽が長いので、ケージは高さが45センチ以上あるものがおすすめです。

エサは、アワやカナリーシードの割合を多くした混合シードや、小型インコ用のペレットがメイン。ときどき野菜やリンゴを食べさせます。

アキクサ　オス　親
鳴き声が小さく、性格もおとなしい。

キキョウインコ／ヒムネキキョウインコ の飼い方

●長い尾とカラフルな羽色が魅力
キキョウインコ属のインコは、尾が長くほっそりとした体型が特長。

キキョウインコは、おとなしい性格でやや神経質な面があります。鳴き声は比較的静かで飼いやすい種類といえるでしょう。朝や午前中よりも、夕方近くに活動的になります。

●冬の寒さに注意
尾が長いので、ケージは小型インコ用でも高さ45センチ以上のものが理想的。

寒さや寒暖の差には弱いので、冬は保温対策をしてあげましょう（P106）。

エサは、混合シードか小型インコ用ペレット、または両方を与えます。さらに、エン麦やそばの実（P101）を加えてあげるとよいでしょう。

キキョウインコ　オス　親
色彩と長い尾羽が美しい。写真はホワイトブルーブレス。

ヒムネキキョウ　メス　親
おとなしい性格がかわいいインコ。写真はレッドベリード。

Part 2　どんなインコを飼おうかな？……小型インコと楽しく暮らそう！

Cockatiel
オカメインコ

頭の冠羽と長い尾羽が美しく、人にとてもよくなれます。
存在感がある手のりインコです。

DATA	
分類	オウム科オカメインコ属
分布	オーストラリア内陸部
体長	約30〜35cm
体重	約80〜120g
寿命	15〜20年
価格	15,000円〜（色変わりは約20,000円〜）

オカメインコとは
コンパニオンバードにぴったり！体が大きめのかわいいインコ

　オカメインコは、オーストラリア内陸部の乾燥地帯出身。草原や林の中の水辺などに生息し、水を求めて群れで移動することがあります。自然の中では種子や草、果物などをメインに、昆虫なども食べているようです。

　おとなしく臆病な性格で、飼育下ではおっとりして見えますが、オーストラリア最速の鳥ともいわれ、すぐれた飛翔能力をもっています。

　和名のもとになっている頬のオレンジ色の模様、長い冠羽と尾羽が特長の中型インコです。

冠羽
緊張したとき、何かに気を引かれているときなどは立つ。ルチノー種では、冠羽の下に羽毛のない部分がある。

目 
種類によって黒目、赤目、ブドウ目がある。

耳 
目の後ろ、チークパッチに隠れて耳の穴がある。

鼻・くちばし 
大きめのくちばし。オス、メスによるろう膜の色のちがいはない。

脚 
前後に2本ずつ指が出た対趾足（たいしそく）。器用にものを持つことができる。

風切羽

尾羽
非常に長く、着地のときに開く。

お尻

ノーマル

原種はグレーの体、顔部分のみが黄色でオレンジのチークパッチが見られる。メスとヒナには尾羽などにも黄色の模様が入る。

➡ オス 親

⬅ メス 親

⬅ オス 親

ルチノー

➡ メス 親

オカメインコの持つグレーの色素、黄色の色素のうち、グレーが欠けて全体にクリームが出る種類で、白オカメとも呼ばれている。オレンジの模様が、ノーマルより濃いのも特長。

ルチノー ➡ ヒナ

ノーマル ➡ ヒナ

Part 2 どんなインコを飼おうかな？……オカメインコ

シナモン

グレーの色素が薄茶色に変化し、全体にノーマルよりも淡い色合いになっている。顔や頬の色はノーマル同様に出ているタイプ。イザベラともよばれる。

⬅ メス 若鳥

⬅ オス 親

ファロー

シナモン系よりさらに、色素が薄くなった色変わりのタイプ。目は赤目で、くちばしや足はルチノーのようなピンク色。

ファロー　パール
➡ メス 親

➡ オス 親
ファロー　レセッシブ
シルバーパール

インコ豆知識　オカメインコの羽色の種類

オカメインコには、セキセイインコやラブバードのようなカラフルな色変わりはありません。グレーから黒が出る色素と、イエロー系の色素とがあるので、この組合せの変化によって羽色が決まります。

ノーマルグレー	原種のグレー
ルチノー	グレーの色素がなくなったクリーム色
アルビノ	グレー、イエローの両方の色素がなくなった白
シナモン	グレーの色素が変化した薄茶色
ファロー	シナモンが淡くなった色
シルバー	グレーが淡くなり、シナモンよりも薄くなった色
オリーブ（エメラルド）	グレーとイエローが混ざり、緑がかってみえる色

Part 2 どんなインコを飼おうかな？……オカメインコ

パール

羽毛1枚、1枚で部分的に色素が欠け、体や羽にスポット模様が出るタイプ。ノーマルだけでなく、ルチノー、シナモンなどの色変わりにも現れる。オスは成鳥になるとパール模様が消えてしまう。

ノーマルパール ⬆ メス 若鳥

パールパイド ⬆ メス 若鳥 / ⬅ オス 若鳥

ルチノーパール ⬆ メス 若鳥

パイド

体の部分で色素が欠け、まだら模様が出ているタイプ。色の出方はさまざまなので、個体によって模様と雰囲気が変わる。

ノーマルパイド ➡ オス 親

シナモンパイド ⬅ オス 親

ホワイトフェイス

全身からイエロー系色素が欠けているため、オカメインコの特長であるチークパッチがなくなり、顔が白くなっている。色変わりとして人気の高いタイプ。

ホワイトフェイス　ファロー
← オス 若親
→ メス 親

ホワイトフェイス シナモンパール
→ オス 若鳥

ホワイトフェイス シナモン
↑ メス 若鳥

ホワイトフェイス パール
↗ メス 若鳥

Part 2 どんなインコを飼おうかな？……オカメインコ

アルビノ

体が白く、グレーや黄色の色素が欠けている。目は赤目。

アルビノ ホワイトフェイス ルチノー
➡ オス 中ビナ

イエローフェイス

チークパッチのオレンジ色が黄色に変化したタイプ。

イエローフェイス シナモンパール
➡ オス 若鳥

パステルフェイス

チークパッチのオレンジ色が薄く、淡い色になったタイプ。

パステルフェイス ノーマル
➡ オス 親
➡ メス 親

63

オカメインコと楽しく暮らそう！

人になれやすく甘え好きなオカメインコはコンパニオンバードとして大人気。
体は大きくても飼いやすいインコです。

オカメ **メス** **若鳥**
怖がり屋さんにはやさしく接してあげよう。

甘えん坊の中型インコ
スマートな体に長い尾羽 ケージは大きめが基本！

　中型インコの代表的な種類で、人によくなれる手のりインコとして大人気のオカメインコ。
　尾羽が長くて体が大きいインコですが、性格はとてもおだやか。小型インコにいじめられることもあるほど、おっとりしたインコが多いようです。
　手のりにすると、人にべったり甘え、なでられるのが大好きなインコになります。
　1羽飼いやペア飼いはもちろん、ケージで複数飼いもしやすい種類です。

オカメ **オス** **親**
手のりオカメは大切な家族の一員。

パニックを起こしたときは？

　オカメインコは臆病なところがあるため、夜中の物音や地震などに敏感。驚くとパニック状態を起こすことがあります。ケージの中で暴れたときは、部屋を明るくして声をかけてあげましょう。

やさしく声をかけ、ケガなどがないかチェックを。

オカメインコは脂粉（しふん）が多い！

　インコを飼うとケージの周囲が汚れるのは仕方ないことですが、オカメインコは脂粉という粉がよく出ます。ほかのインコと比べると量が多く、羽づくろいや身震いをすると、脂粉が飛び散ることも。脂粉が多いのは健康な証拠です。

ホコリのような脂粉がでる。

Part 2 どんなインコを飼おうかな？……オカメインコと楽しく暮らそう！

オカメインコのケージレイアウト

ケージ
尾羽が長いので高さが必要。ケージの高さは55cm程度が理想的。パニックになると危険なので、シンプルな形のケージがベスト。

その他のエサ入れ
ペレットなどを入れる。

エサ入れ
ケージ付属のものでOK。主食の混合シードを入れる。

その他
おもちゃを入れてもOK。ケージ内が狭くならないように注意。

止まり木
止まり木から底まで20cm以上あくように、2本セット。ケージ付属のものが細い場合は、太めのものにチェンジを。

クリップ
青菜は引き抜かれないようクリップを利用するとよい。

ボレー粉入れ
ボレー粉などをセット。

水入れ
ケージ付属のものでOK。清潔に保つ。

オカメインコのエサ

　主食は混合シード（P95）と、オカメインコ（中型インコ）用のペレット（P96）を併用するのがおすすめです。シードしか食べないときは、ボレー粉や青菜などをしっかり与えること。
　オカメインコは麻の実やヒマワリの種などおやつシード（P101）が大好きですが、あげすぎに注意。ヒマワリの種で1日10粒くらいまでにします。市販のおやつも少しならあげてもOKです。

オカメインコの世話

　エサは毎日チェックし、皮や汚れたものは捨て、新しいエサを入れます。水は1日1回交換を。ケージ底の新聞紙なども毎日交換して清潔にします。野生では乾燥地帯に生息していますが、夜露や朝露は浴びています。水浴びをさせたり、ときどき霧吹き（P107）をしてあげてもよいでしょう。
　気弱な性格のコには、エサやりやカゴから出すとき、やさしく声をかけるようにしましょう。

いろいろな中型インコ

カラフルな羽色や長い尾羽、個性いろいろの中型インコを紹介します。
中型インコ類の寿命は約 15 ～ 20 年です。

ナナクサインコ（ルビーノ）

DATA
- 分類●インコ科ヒラオインコ属
- 分布●オーストラリア
- 体長●約 30 ㎝
- 価格●60,000 円～

（オス・親）

ナナイロメキシコインコ

（オス・若親）

DATA
- 分類●インコ科クサビオインコ属
- 分布●ブラジル東部
- 体長●約 30 ㎝
- 価格●80,000 円～

アケボノインコ

（メス・若鳥）
（オス・若親）

DATA
- 分類●インコ科アケボノインコ属
- 分布●中南米
- 体長●約 28 ㎝
- 価格●230,000 円～

Part 2 どんなインコを飼おうかな？……いろいろな中型インコ

DATA
分類●インコ科シロハラインコ属
分布●ベネズエラ東部、ブラジル
体長●約23㎝
価格●250,000円〜

ズグロシロハラインコ

メス 親

DATA
分類●インコ科ホンセイインコ属
分布●パキスタン、インド、セイロン島
体長●35〜38㎝
価格●38,000円〜

コセイインコ

オス 親

バライロコセイインコ

DATA
分類●インコ科ビセイインコ属
分布●オーストラリア
体長●約27㎝
価格●14,000円〜

ビセイインコ

メス 親

オオハネナガインコ

DATA
分類●インコ科ハネナガインコ属
分布●アフリカ
体長●約32㎝
価格●250,000円〜

オス 親

中型インコと楽しく暮らそう！

表情がかわいく、個性豊かな中型インコは、とても賢く、おしゃべりが上手な小鳥たち。おやつシードやフルーツが大好きです。

⬅ アケボノ　オス　若親
カラフルでかわいいインコ。

中型インコのケージレイアウト

　ケージは、中型インコの体格に合わせた大きさが必要です。幅と奥行きが45センチ以上あるもので、尾羽の長さによって高さを決めます。

　ケージ付属の止まり木が細い場合は、太めで固い木製のものをセット。青菜は、菜差しよりクリップを使いましょう。かむ力が強く、プラスチック製のグッズを壊すことがあります。グッズ類はステンレスや陶製を利用しましょう。

中型インコのエサ

　中型インコ用のペレット（P 96）か、混合シード（P 95）を中心にします。

　おやつシード（P 101）の麻の実、ヒマワリの種、そばの実、エン麦なども与えましょう。シード類を好んでペレットを食べないときは、青菜や野菜、ボレー粉などの副食を積極的に摂らせること。

　リンゴ、ミカン、バナナなどの果物を少量あげてもOKです。

ナナクサインコの飼い方

●色とりどりの羽が鮮やか

　七色の羽を持つクサインコという意味で、クチバシや頭部がやや小さいのが特長。ノーマルは頭部から胸が赤、腹部が黄色で頬が白く、背中から羽に黒い模様が入ります。レッド、ルチノー、シナモン、パステル、パステルレッドなど、さまざまな色変わりも人気です。

　ナナクサインコをはじめクサインコの仲間は、手のりになりますが、クールな関係でしょう。

オス　親
オスのほうが体格はやや大きめ。

アケボノインコの飼い方

●大きな黒目がかわいい

　目が大きく、周囲は白く縁取られているのが特長。顔から胸はブルーで、体はグリーン。

　体の大きさのわりには鳴き声は小さめですが、個体差があります。おだやかでおとなしい性格のコ、活発なコと個性もいろいろ。かむ力はそれほど強くありません。

　アケボノインコは、カビが原因で起こる鼻や気管の病気にかかりやすいので、古いエサなどをあげないよう、とくに注意してください。

オス　若親
太りやすいので低脂肪のペレットがおすすめ。

ナナイロメキシコインコの飼い方

●活動的で明るいインコ

　ナナイロメキシコインコ、コガネメキシコインコなどのクサビオインコ属は、明るい性格で知能も高いため、コンパニオンバードとして楽しく飼える中型インコです。

　転がったり、ケージの網にぶらさがったり、活発なところも魅力的ですが、鳴き声が大きいのが難点といえます。

オス　若親
明るく活発で人と遊ぶのが好き。

ズグロシロハラインコの飼い方

●スキンシップ好きでなれやすい

　名前のとおり頭、クチバシが黒く腹部が白いのが特長です。明るく人になれやすい性格で、動きはとても活発。ケージの天井やおもちゃにぶら下がったりします。

　熱帯のインコなので、冬場の温度管理は要注意です。はじめの冬はヒーターなどで保温し、少しずつ気温が低い環境にならしていくようにします。

メス　親
果物が好きなのでリンゴやバナナもあげよう。

コセイインコの飼い方

●頭の色が特長的

　オスとメスでは羽色がちがい、成鳥になるとオスは頭が濃いピンク色、メスはグレーがかった色になります。温和な性格ですが、鳴き声は大きめ。はじめての冬には、保温が必要です。

オス　親
青菜やボレー粉もあげよう。

オオハネナガインコの飼い方

●おしゃべり上手も多い

　ハネナガインコ属の中でもっとも大きく、大型インコ用のケージがおすすめ。野生では、単独かペアで暮らすため、性格が荒いところもありますが人にもよくなれます。活発でおしゃべりもよくします。

メス　親
一度なれると愛情深いインコ。

ビセイインコの飼い方

●「美声」が楽しめるインコ

　オーストラリアの乾燥地帯の草原、林に生息し、イネ科の種子などが主食。おだやかな性格で、オスは鈴のようなきれいな声で鳴きます。

　オスは全体的に鮮やかな緑色で腰が赤く、メスは羽色がくすんでいて腰に赤は入りません。ルチノー、パイドなどの色変わりもいます。名前の通り鳴き声が美しく、鈴などのおもちゃが大好き。

オス　親
拾い食いするのでケージをきれいに。

Part 2　どんなインコを飼おうかな？……中型インコと楽しく暮らそう！

いろいろな大型インコ・オウム

圧倒的な存在感の大きさと美しさでインコ好きが憧れる大型インコたち！
寿命はとても長く、50〜100年といわれます。

メス　若親

ヨウム

DATA
- 分類 ● インコ科ヨウム属
- 分布 ● アフリカ、ギニア
- 体長 ● 約32㎝
- 価格 ● 250,000円〜

オス　若親

タイハクオウム

白色系オウム

DATA
- 分類 ● オウム科オウム属
- 分布 ● インドネシア群島
- 体長 ● 約45㎝
- 価格 ● 300,000円〜

オス　若親

オス　親

コキサカオウム

DATA
- 分類 ● オウム科オウム属
- 分布 ● スンバ島
- 体長 ● 約37㎝
- 価格 ● 380,000円〜

クルマサカオウム

DATA
- 分類 ● オウム科オウム属
- 分布 ● オーストラリア
- 体長 ● 36〜38㎝
- 価格 ● 1,200,000円〜

※なれ具合により、価格には差があります。

Part 2 どんなインコを飼おうかな？……いろいろな大型インコ・オウム

コンゴウインコ

ベニコンゴウインコ
← メス｜親

DATA
- 分類●インコ科コンゴウインコ属
- 分布●南アメリカ
- 体長●84〜92cm
- 価格●450,000円〜

ルリコンゴウインコ
← オス｜若親

DATA
- 分類●インコ科コンゴウインコ属
- 分布●南アメリカ
- 体長●84〜88cm
- 価格●350,000円〜

ボウシインコ

キビタイボウシインコ
→ オス｜親

DATA
- 分類●インコ科ボウシインコ属
- 分布●中米から南米、ペルー
- 体長●31〜38cm
- 価格●400,000円〜

アオボウシインコ
← メス｜親

DATA
- 分類●インコ科ボウシインコ属
- 分布●南アメリカ
- 体長●35〜37cm
- 価格●300,000円〜

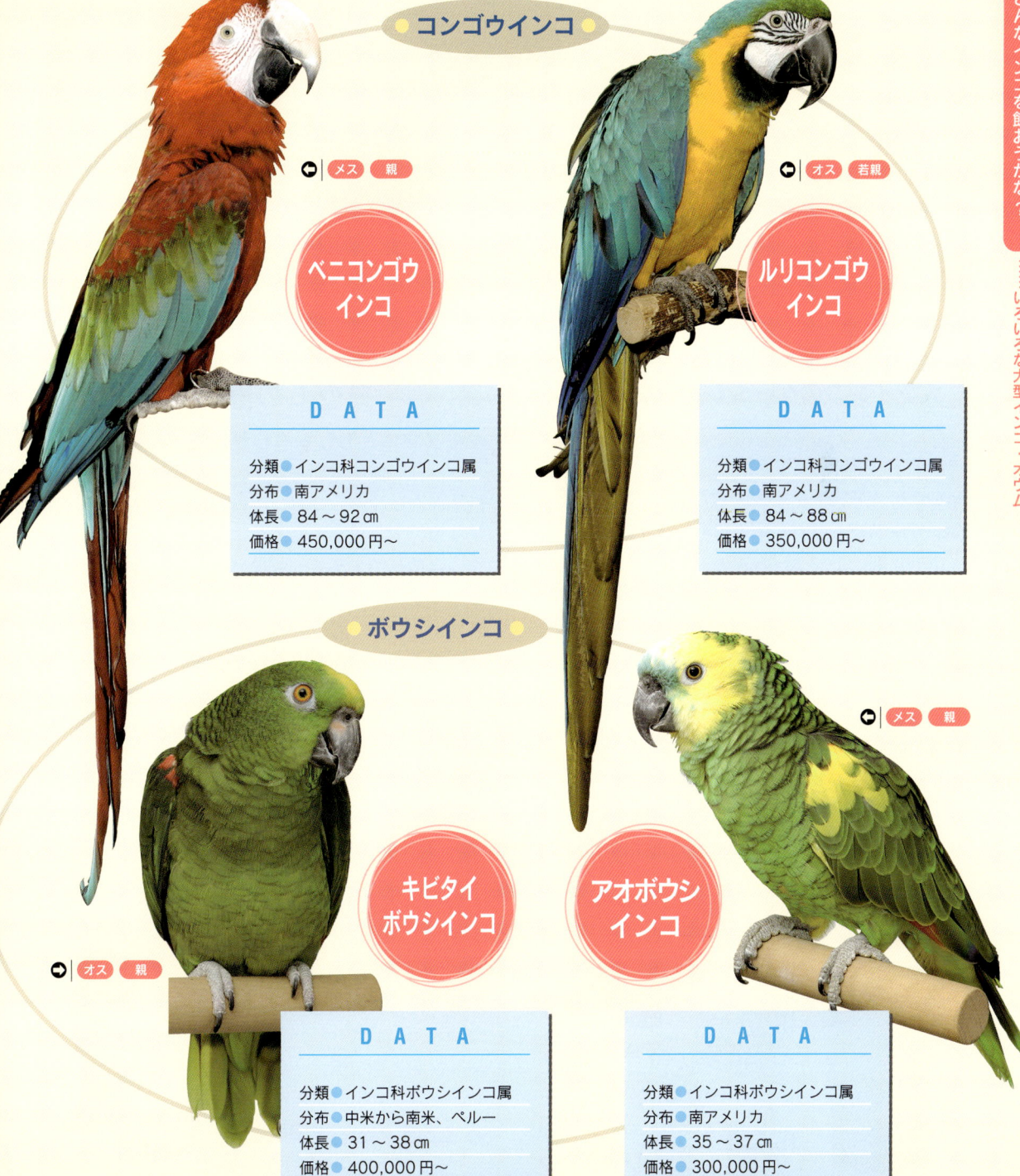

大型インコと楽しく暮らそう！

体だけでなく鳴き声も大きい大型インコは
飼育環境をととのえることが大切。
長〜くつきあえる
コンパニオンバードです。

ヨウム｜メス｜若親
ヨウムはおしゃべりが得意なインコ。

大型インコのケージレイアウト

ケージは、大型インコ用の大きく丈夫なものを選びます。尾羽の長さや風切羽を広げたときの大きさを考えてサイズを決めましょう。オウムスタンドとケージの両方を使うのもおすすめです。

止まり木はインコに合う太さを選び、エサ入れなどのグッズは、ステンレス製や陶器製を。

大型インコのエサ

エサは大型インコ用のペレットや、おやつシード類（P 100）がメインです。シードはヒマワリの種、サフラワー、麻の実、エン麦、小麦、大麦、ハトのエサなどをミックスして与えます。

果物やドライフルーツ、ゆでた豆類（大豆、そら豆、グリーンピース）、ふかしたさつまいも、じゃがいも、栗、生のにんじんやだいこん、ペット用の煮干しなどもOK。冷凍ミックスベジタブルを解凍し、水気を切って与えるのも便利です。

オウム用ミックスシード

ヨウムの飼い方

●モノマネとおしゃべりが得意！

グレーの体に尾羽だけ赤いのが特長。野生では低地の森に住み、サバンナの森林地帯などで、種子や木の実、果物などを食べています。野生のヨウムは群れで生活し、人里にはあまり近づかないようです。コンパニオンバードになったヨウムは人によくなれておしゃべりが得意ですが、人見知りをするなど臆病な面もあります。

●毛引き症に注意

ヨウムはとても人になれるためか、ストレスがあると毛引き症になりやすいようです。ケージにはおもちゃを入れ、退屈しないようにしてあげましょう。とくに昼間、人がいない家などは、さみしさをまぎらわすためにおもちゃを入れるのが効果的。こまめなコミュニケーションが大切です。

ヨウム｜メス｜若親
毛引き防止にラジオなどを聞かせよう。

白色系オウムの飼い方

●白い体と冠羽が美しいインコたち

タイハクオウム、クルマサカオウム、コキサカオウムは、白色系オウムの仲間です。白い体に冠羽をもつのが共通の特長。タイハクオウムは冠羽まで含めて全身が白く、コキサカオウムは立てるとオレンジ色の冠羽があります。世界でもっとも美しいインコともいわれるクルマサカオウムは、冠羽が先端から根元にかけて白、赤、黄色、赤と三色の色模様が見られます。シードを中心に青菜や果物も与えましょう。

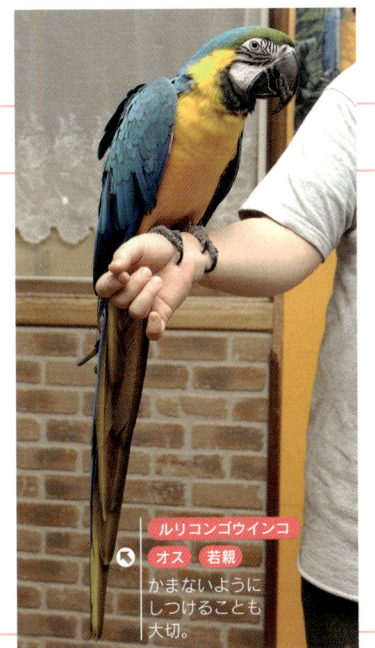

→ コキサカオウム　オス　若鳥
はじめの冬は保温しよう。

ルリコンゴウインコ　オス　若親
かまないようにしつけることも大切。

コンゴウインコの飼い方

●カラフルな超大型インコ

ルリコンゴウインコ、ベニコンゴウインコは、南米の森林地帯に群れを作って生息。顔つきや色の入り具合などは似ていますが、ベニコンゴウインコのほうがやや大きめです。顔の頬から目のまわりにかけて羽のない裸皮部分があり、ごく小さな羽が模様のように生えています。

●しつけと信頼関係が大事

明るい性格で人にもよくなれ、モノマネも上手にします。頭がよいので、きちんとしつけて飼うこと、ストレスから毛引き症にさせないことなども大切。スキンシップも必要ですが、かむ力が大変強いので注意しましょう。

ボウシインコの飼い方

●いろいろなボウシインコ

ボウシインコは種類が多く、体色は緑が基調で、種類により部分的にちがう色が入るのが特長。キエリボウシインコは、額と目のあたりに黄色が入る種類。アオボウシインコは鼻の上が青く、アオボウシの亜種であるキソデアオボウシインコは翼の角の部分に黄色が入ります。

●明るいモノマネ上手

おしゃべりをよく覚え、モノマネも得意。家族の会話やテレビからでも、自然に言葉を覚えてしゃべります。くちばしの力が強いので、丈夫な素材でかんで遊べるおもちゃを入れてあげましょう。

→ キビタイボウシインコ　オス　親
モノマネが得意。

Part 2 どんなインコを飼おうかな？……大型インコと楽しく暮らそう！

もっと楽しく！インコライフ

インコのクラブで楽しみを深めよう！

小鳥たちのクラブやサークルに参加すれば、インコを飼う楽しみが広がります。知識を深めたり、情報交換に役立てましょう！

クラブで情報収集

全国にはさまざまなインコのクラブがあります。種類ごとに分かれたクラブが多く、それぞれに会報を発行したり、情報交換会やイベント主催などの活動をしています。

こうしたクラブに参加して、飼い主さん同士で飼い方について相談したり、アドバイスを受けたりするのもよいでしょう。いろいろな情報交換ができ、インコを飼う楽しみも広がります。

また、巣引き相手のペアを探したい、新しくヒナを飼いたいというときなどに、クラブ内で探せる場合もあります。多くの飼い主さんとの出会いにより、インコとの暮らしがますます広がっていくことでしょう。

イベントにでかけよう

コンパニオンバードと暮らしていて、ショップでさまざまなインコを見るのが楽しみという人も多いのでは？

そんな人は、数々のインコがそろう鳥のイベントや、フェアなどに出かけてみるのもおすすめです。

ショップでもなかなか見られない種類や、色変わりのインコなどが一度に見られるのはイベントならではの楽しみといえるでしょう。

インコの美しさを競うコンテストなども、クラブで主催されています。

◆ おもな小鳥のクラブ ◆

団体名	住所・連絡先	電話番号
日本小鳥・小動物協会	http://www.jbsaa.jp/	ホームページからアクセスしてください。
東京ピイチク会	〒273-0041　千葉県船橋市旭町1-9-28　越山方	047-430-4005
日本高級セキセイ保存会	〒229-0038　神奈川県相模原市星が丘1-2-18　日暮方	042-752-6939
手乗りインコ、オウムの会	〒276-0046　千葉県八千代市大和田新田352-119　仲村方	047-450-7104
日本国際セキセイ協会	〒342-0041　埼玉県吉川市保1-27-5　サンライズビル202　石毛方	048-983-2391
日本飼鳥会	〒345-0043　埼玉県北葛飾郡杉戸町下高野596-43　三宅方	0480-33-3866
日本バードクラブ	〒418-0014　静岡県富士宮市富士見ヶ丘1063　渡辺方	0544-27-2620
日本ショーバードセキセイ会	〒333-0866　埼玉県川口市芝2-13-16　高橋方	048-261-5549
海部津島愛鳥会	〒496-0876　愛知県津島市大縄町9-69　藤松方	0567-25-1611
全日本洋鳥クラブ	〒670-0083　兵庫県姫路市辻井7-12-2　小林方	0792-98-4588

※住所や電話番号は変更されることがありますので、ご了承ください。

ヒナを手のりに育てよう！

PART 3

ヒナの世話グッズ

かわいいヒナを家に迎える準備

ヒナから迎えて手のりインコに育てるのは、とても楽しく、感動的な体験です！ヒナの世話に必要なグッズを紹介します。

⊙ コザクラ ヒナ
愛情をこめて育てれば、かわいい手のり鳥に！

ヒナから育てる
さし餌（え）をして育てればよくなれた手のりインコに

　手のりインコを飼う場合、お店でさし餌をして育てたインコを買うこともできますが、自分でヒナから育てるのが一般的です。ヒナの成長を見守りながら手のりに育てるのは、とても素敵な体験。成功のコツは、温度管理など環境をしっかりととのえること、正しいエサを上手にあげることです。

⊙ セキセイ ヒナ
さし餌とは人がヒナにエサを食べさせること。

ヒナを迎える前のチェックポイント

●季節は春がおすすめ
　ヒナがショップにたくさん出回るのは春と秋。多くのヒナから選べるので、この時期に迎えるのがよいでしょう。ただし、秋に迎えると温度管理が難しいので、初心者は春がおすすめです。

●さし餌ができるか
　まだ自分でエサを食べられないヒナを迎えるのですから、その日から毎日さし餌をしなければなりません。小さなヒナなら2〜3時間ごとのさし餌が必要。さし餌ができることが絶対条件です。

↑ オカメ ヒナ
さし餌は2〜3時間おき。

ヒナの飼育グッズ

ヒナを飼うためのケース、さし餌や保温グッズを準備

インコのヒナを迎えるのと同時に、ヒナ用の飼育グッズをそろえましょう。

ヒナの飼育容器

ヒナの飼育環境は24〜28度くらいが適温。夏場以外はケージの保温が必要です。保温しやすく、清潔に保ちやすいケージを使いましょう。

どの容器で育てる場合も、底にはキッチンペーパーやオガクズ、干し草などを敷き、ときどき交換して清潔にすることが大切です。

●**ふご**
ワラで編んだふごは通気性がよく蒸れにくいのが特長。さし餌のとき以外はフタをして暗くしておくことができます。

●**マスカゴ**
側面や上が素通しなので、タオルをかけるなどして保温。そうじがしやすいのがメリットです。

●**プラケース**
ヒナの飼育にはプラケースも便利。保温性がバツグンで、ヒナの様子がよく見え、清潔に保ちやすいメリットがあります。

エサやりに必要なグッズ

ヒナにさし餌をするためのグッズを準備。専用のスプーンや、パウダーフード用のシリンジなどが市販されているので、これを利用しましょう。

保温グッズと保温の方法

パネルヒーターやフィルムヒーターの上に飼育容器をのせてあたためるとよいでしょう。

温度チェックをして、低いようなら、容器の上にも部分的にタオルをかけて保温します。

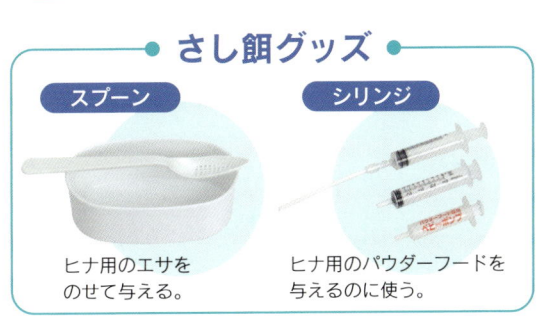

● **飼育容器** ●

ふご
中にティッシュペーパーなどを敷いて使います。

セキセイ&ラブバード用。　オカメインコ用。

マスカゴ
通気性がよく、そうじも簡単。

プラケース
保温性にすぐれ、清潔に保ちやすい。

● **さし餌グッズ** ●

スプーン
ヒナ用のエサをのせて与える。

シリンジ
ヒナ用のパウダーフードを与えるのに使う。

● **保温グッズ** ●

パネルヒーター
飼育容器の底に置いて使う。

セラミックヒーター
容器の外やケージの中に設置。赤外線であたためる。

フィルムヒーター
ケージの底や横に設置。

Part 3 ヒナを手のりに育てよう！……ヒナの世話グッズ

ヒナの選び方

元気で健康なヒナを選ぼう

インコは丈夫で飼いやすいペットですが、ヒナはとても、か弱い存在。まずは健康なヒナを選ぶことが大切です。よく食べ、よく鳴くヒナを迎えましょう！

（オカメ・ヒナ）
好奇心があって食欲が旺盛なヒナを選ぶ。

健康なヒナを選ぶ
外見や行動を観察して健康状態をチェック！

ショップで多く見られるのは、生後3〜4週間くらいのヒナです。飼育成功のポイントは、元気で健康なヒナを選ぶことです。

● 食欲、鳴き方、行動を観察しよう

ヒナは、エサをよく食べるかどうかが重要なポイント。できるだけ、ショップでさし餌をするところを見せてもらいましょう。大きな声でエサをねだり、よく食べているヒナを選びます。

成長したヒナなら、床材をつつくなど、遊んでいるヒナがおすすめ。好奇心旺盛なヒナは、人にとてもなれる手のりインコになります。

外見のチェックポイント

- 鼻やくちばしが汚れていない。
- くちばしの上下がぴったりとかみ合っている。
- 脚が曲がったり、指が欠けたりしていない。
- 指の上にのせると、痛いくらいしっかりと握る。
- 目がぱっちりときれいで、目やにがついていない。
- 羽毛全体に汚れがなく、ツヤがある。
- 両翼がわきにぴったりとついている。
- 肛門の周囲が汚れていない。

＊ヒナの体にはフンがついている場合もありますが、気にしないこと。

オスメスを選ぶ
インコはヒナのときは性別がわかりにくい

ヒナを買うとき、オスがいいか、メスがいいかと考える人もいるでしょう。

でも、ヒナは性別がわかりにくいのです。「オスだと言われて買ったのに、実際はメスだった」ということはよくあること。

本書では、ヒナのオスメスの見分け方を紹介しますが、多くのヒナを見て経験を積むことで、判別の確率があがっていきます。

⬅ セキセイ ヒナ
オスメスにこだわらず気に入ったヒナを選ぶのが正解。

アドバイス
ヒナはマスカゴなどに入れて保温して持ち帰ること

ヒナはふごやマスカゴなどに入れ、できるだけ短時間で持ち帰ること。タオルなどを上にかけ、暖かくして移動。冬なら使い捨てカイロを使うなど、しっかり保温します。

移動した後すぐにエサを食べないこともあるので、ショップでさし餌をしてから持ち帰るのがおすすめです。

⬆ セキセイ ヒナ
容器を手さげなどに入れ、保温に注意する。

ヒナのオス・メスの見分け方……❶ セキセイインコ

●鼻腔の色で見分ける

セキセイインコの親鳥はろう膜の色で性別を判断しますが（P135）、生後約20日前後以上のヒナから中ビナ、若鳥（生後5か月前後）までは、ろう膜の鼻腔の色で見分けることが可能です。

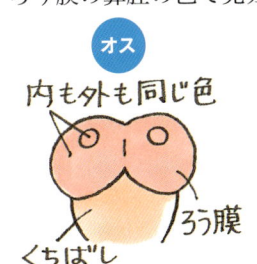

すべてのヒナのろう膜は、全体がごく薄いピンクで、やや青みがかった色をしています。オスは、どこから見てもろう膜全体が均一な色をしているのが特長。メスは、鼻腔の周りと鼻腔の奥（穴の中の肉）がやや白っぽくなっています。

オス 内も外も同じ色 / ろう膜 / くちばし
ろう膜全体が、鼻孔もすべて同じ色。

メス ろう膜 / 鼻孔の中とまわりが白い
鼻孔ににごった白色のリングがある。

⬆ セキセイ 中ビナ ／ ⬆ セキセイ 中ビナ
右は鼻孔に白いリングがあるのでメス、左が全体が同じ色なのでオス。

ヒナのオス・メスの見分け方……❷ ラブバード

●いくつもの要素でチェック

ラブバードはオス、メスの判別が非常にむずかしく、成鳥になっても間違えられるケースもあるほどです。見分け方はヒナのときも、成長してからも変わりませんが、若ければ若いほど見極めにくくなります。

骨格、くちばしの形、頭部の形など、さまざまな要素を見て判別の材料にします。

頭部を見る

体も頭部も、メスのほうがオスよりやや大きめです。また、頭を横から見て、丸みをチェックしましょう。

オス　頭部の丸みがメスより半円に近い
メス　頭部の丸みがオスより平たい

くちばしを見る

メスの下くちばしはオスよりも幅が広く、ヒナにエサを与えるときたくさんたくわえられるよう深くなっています。これはラブバード以外のインコにもあてはまる判別法です。

下くちばし
オス　横幅が狭い
メス　横幅が広い

骨格を見る

腹部をさわって骨格の違いで見分ける方法。オスとメスでは次のようなちがいがあります。実際に骨盤を指でさわり、その感触で判断を。これはラブバードだけなく、すべてのインコに共通です。

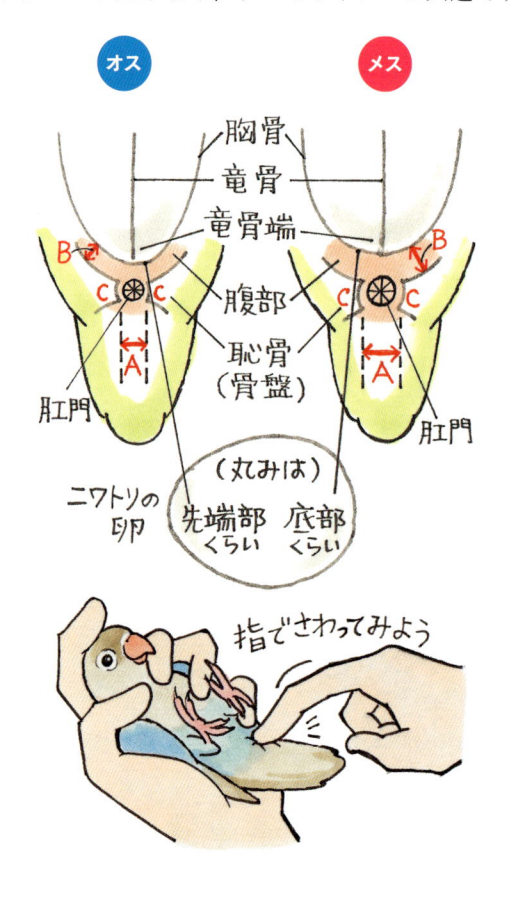

オス／メス
胸骨／竜骨／竜骨端／腹部／恥骨（骨盤）／肛門

（丸みは）ニワトリの卵　先端部くらい　底部くらい

指でさわってみよう

① 恥骨（骨盤）間の幅（A）がメスのほうが広い。
② 腹部の幅（B）がメスのほうが広い。
③ 骨盤の高さ（C）がメスのほうが低い。
④ 竜骨端がオスはとがり気味で、メスは丸みをおびている。

ヒナのオス・メスの見分け方……3

オカメインコ

●成鳥になると消える模様に注目

オカメインコの親鳥は、羽色や模様などでオス、メスを見分けます（P139）。成長すると消えるオスの模様は、ヒナのうちからやや薄くぼやけた出方をしていることが判別の決め手です。

判別は微妙ですが、生後5週間以上の中ビナ、若鳥なら種類によっては見分けることも可能。羽色、模様の出方をメスと見比べるのがポイント。

尾羽を見る

尾羽の裏側を、外側から1番目、2番目の羽のしま模様の変化を見ます。オスはしまの出方が不明瞭で数が少なく、消えそうな弱いふちどりです。メスはしまの1本、1本がはっきりとして数も多くなっています。

アルビノ、パイド、一部のパール、シルバーについては、尾羽にまったくしま模様がないため、この方法では判断できません。

翼を見る

●ノーマル

翼角から肩までの裏側を見ると、ノーマルのオカメインコの場合、オスはスポット模様が大柄で数が少なく、じきに消えそうに見えます。また、ほとんど裏羽にスポット模様がない場合もあります。メスの場合は、裏羽のスポット模様は細かく、数も多くはっきりと浮き出ています。

●パール

オスはパール模様が大柄で、遠目で見ると模様の輪郭がぼやけています。メスはパール模様全体がきめ細かく数も多くて、模様の輪郭も鮮明でくっきりと浮き出ています。

オスの尾羽
外側から2枚目の尾羽のしま模様がメスより薄い。

メスの尾羽
外側から2枚目の尾羽のしま模様が、はっきりある。

ノーマル
オスは翼角の模様がほとんどない
メスは翼角の模様がはっきりある

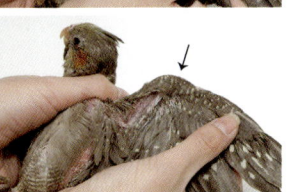

ルチノー 
オスは翼角の模様がない 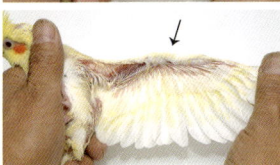
メスは翼角の模様がある

そうじと温度管理

健康な手のり鳥に育てるポイント

ヒナは、おとな鳥と比べるとまだ体力がありません。衛生面や温度管理に注意して大切に育てましょう。

⬆ セキセイ メス ヒナ
しっかり保温して暖かくしてあげよう。

ヒナ容器とそうじ
ヒナ用の飼育容器はいつも清潔に保つこと

ヒナはふご、マスカゴ、プラケースなどの飼育容器で育てます。

どの容器を選んでもよいので、それぞれの特長を考えて好みで選んでください（P77参照）。

⬅ オカメ ヒナ
ごく小さなヒナのうちはふごで育て、成長したらプラケースに移動するという選択肢もある。

● **底には紙や干し草を入れる**

衛生面と保温の面から、飼育容器にはティッシュペーパーやキッチンペーパー、干し草などを入れましょう。ティッシュペーパーなどは手軽で交換が簡単。干し草は、冬場は保温になり、夏の暑い時期は熱を発散させる効果があります。小動物用に市販されているものを使えばOK。

● **飼育容器のそうじ**

容器に敷いた紙や干し草は、ヒナのフンで汚れるので、毎日かならず交換して清潔に保ちます。

プラケースやマスカゴは、フンがついて汚れたら丸洗いしましょう。

➡ セキセイ ヒナ
干し草は通気性＆保温性にすぐれた素材。

しっかり保温する
つねに温度計でチェックし、適温を保つことが大切

　ヒナは本来、親鳥やきょうだい鳥たちと寄り添い、あたため合いながら成長します。

　ヒナの世話を成功させるためには、温度管理がとても重要。夏場でも部屋を冷房することを考えれば、1年を通して保温する必要があるでしょう。

　生後約5週間までのヒナは28度前後、それ以降の中ビナは24〜28度を保つようにします。

● 保温の方法

　パネルヒーターやフィルムヒーターは、容器の下に置いて使います。低温やけどを防ぐために、容器の中は、新聞紙を敷いた上にキッチンペーパーなどを入れるとよいでしょう。また、ヒナが好きな温度の場所を選べるように、容器を半分ほどヒーターの上にのせるようにします。

● 温度計をセットしよう

　飼育容器の温度は、室温によっても大きく変化します。容器内の温度は、温度計を使ってかならずチェックすること。温度が低いときは上にタオルをかけ、高すぎるようなら通気性をよくするなどして調整してください。サーモスタットを使う方法もあります。

ヒナを休ませる
さし餌をするとき以外は静かに寝かせてあげよう

　ヒナを迎えたら、かまいすぎないことも大切。ヒナは食べては眠り、成長します。ヒナの飼育容器は直射日光の当たらない場所に置き、さし餌をするとき以外はゆっくり休ませてあげること。

　暖かい手にのせてさし餌をすることで、飼い主とヒナの間に信頼関係ができていきます。

▲パネルヒーターの上に半分ほど容器をのせる。

▲フィルムヒーターは横に貼ってもOK。寒いときは近づき、暑いと離れる。

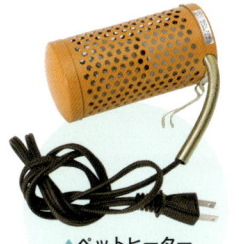

▲ペットヒーター　容器の中か上から使用。

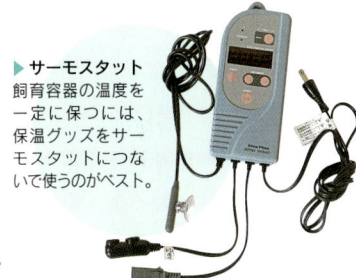

▶サーモスタット　飼育容器の温度を一定に保つには、保温グッズをサーモスタットにつないで使うのがベスト。

保温グッズと使い方

パネルヒーター	飼育容器の下に置く。
使い捨てカイロ	飼育容器の下に置くか貼る。
フィルムヒーター	飼育容器の下に置く。大きめのプラケースなら、飼育容器のサイドに設置してもOK。
ペットヒーター セラミックヒーター プラントライト	ヒナが直接触れないよう注意して使用する。サーモスタットと接続して使用するのがおすすめ。

さし餌のあげ方

元気に育て！
さし餌のコツ

元気いっぱいの
おとな鳥になるためには、
ヒナのときのエサが重要。
アワ玉とパウダーフードを
食べさせる方法が
おすすめです。

オカメ ヒナ
よいエサを選んで上手に
食べさせよう。

ヒナにおすすめのエサ

さし餌の内容が成長後の健康状態も左右する！

ヒナは、自分でエサを食べられるようになるまで、本来は親鳥から口移しでエサをもらって育ちます。手のりにする場合は、人が親鳥の代わりにエサをあげる「さし餌」で育てます。

アワ玉とパウダーフードを与える

以前はヒナのさし餌といえば、ムキアワに卵をまぶしたアワ玉が基本でした。アワ玉だけでもヒナは育ちますが、栄養的には不十分です。

最近は栄養バランスがよいパウダーフードが手軽に買えるので、アワ玉と混ぜて使うのが基本です。

ヒナのときのエサの栄養バランスが悪いと、おとなになってからも病気が出やすくなります。

ヒナのエサ

粒状のエサ
お湯で溶いたパウダーフードと一緒に使う。

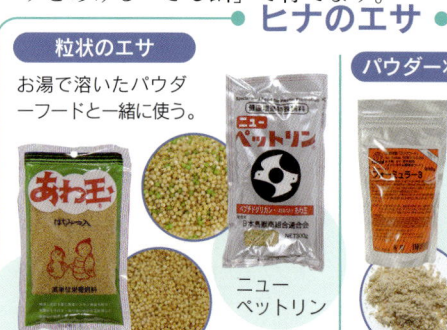

アワ玉

ニューペットリン

パウダー状のエサ
お湯で溶き、固さを調整して使う。パウダーフードのみで使える総合栄養食タイプと、アワ玉などと混ぜて使うタイプがある。使用法を要確認。

パウダーフード（総合栄養食）

ベビーフード
（アワ玉などと混ぜて使う）

さし餌のつくり方

アワ玉＋パウダーフード

1 アワ玉とパウダーフードを合わせ、約38度のお湯を加える。

2 なめらかになるまで混ぜ、湯せんをしながら与える。

注意 アワ玉を煮立てたり、ふやかしすぎると、そのう内で醗酵しやすくなるので、加熱したり熱湯を使わないこと。

アドバイス パウダーフードがダマになるときは、先にお湯でパウダーフードを溶いておき、アワ玉と混ぜよう。

パウダーフード

パウダーフードに約38度のお湯を入れて溶き、湯せんをして温度を保ちながら与える。

アドバイス パウダーフードの濃度は商品の表示に従うこと。成長にしたがって少しずつ濃度を濃く、固くしていく。

自家製アワ玉をつくる

【材料】
- ムキアワ 約300g
- 卵黄 1個ぶん
- バット

1 ムキアワを鍋でカラ炒りする。

2 バットにムキアワを広げて冷まし、蒸気をとばす。冷めたら卵黄を加える。

3 卵黄とアワをよく混ぜる。このとき少量のハチミツを加えてもよい。

4 バットに広げて日陰に半日ほど置いて乾燥させる。

5 できあがったら密閉容器に入れて冷蔵庫で保存。約1か月で使い切ること。

さし餌の種類と特長

アワ玉のみ	アワ玉だけでは栄養的に不十分なので、成長してから病気が出やすくなる。かならずパウダーフードと混ぜて使う。
アワ玉＋パウダーフード	栄養が十分なので、ヒナにおすすめのさし餌。弱っているヒナはアワ玉を消化できないことがある。
パウダーフードのみ	総合栄養食タイプのパウダーフードなら栄養は十分。強制給餌にも使える。ただし、消化がよいので、アワ玉と混ぜて使うときより、さし餌の回数を増やしたほうがよい。

さし餌の与え方

親鳥があげるように あたたかいエサを食べさせる

　さし餌は適度な温度を保って与えることが大切です。このとき、冷たすぎるとヒナが食べませんが、熱くしすぎてもいけません。

●**さし餌の温度は38度が理想**

　冷たいより、熱いほうがよく食べるので、つい熱くしすぎてしまう人が多いようです。
　さし餌が40度以上あると、そのう内が低温やけどをする危険があります。やけどをすると、ヒナはエサを食べなくなってしまい、死に至ることもあるほど。さし餌の温度は、指を入れて少しあたたかく感じる程度の約38度が理想的です。
　さし餌は与えるたびに新しく作ること。

●**かならず暖かい手であげよう！**

　さし餌をするときは、かならず手を暖かくし、ヒナを背中から手の平で包み込むように持ちます。このとき脚を指に止まらせると、ヒナが落ち着くのでおすすめです。オカメインコのヒナは大きいので、両肩を上から手で包み込むようにやさしく押さえましょう。

スプーンであげる

セキセイ　ヒナ

スプーンをくちばしに近づけると、自分から食べる。口を開けてねだっているヒナには、下のクチバシに入れるような感じでさし餌を与えよう。

シリンジであげる

コザクラ　ヒナ

パウダーフードだけを溶いて与えるときは、シリンジでもOK。下のくちばしに流し込むように入れる。

ココに注意！

◆ アワ玉やパウダーフードは新しいものを使っているか。
◆ さし餌はあげる直前に作ったか。
◆ 温度は熱すぎず、冷たすぎない約38度になっているか。
◆ 冷たい手であげていないか。

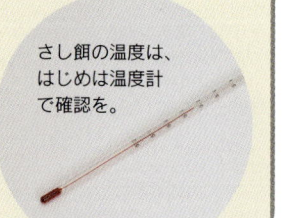

さし餌の温度は、はじめは温度計で確認を。

さし餌グッズ

スプーン 
さし餌用スプーンは、先がとがっているので、インコが食べやすくなっている。

シリンジ 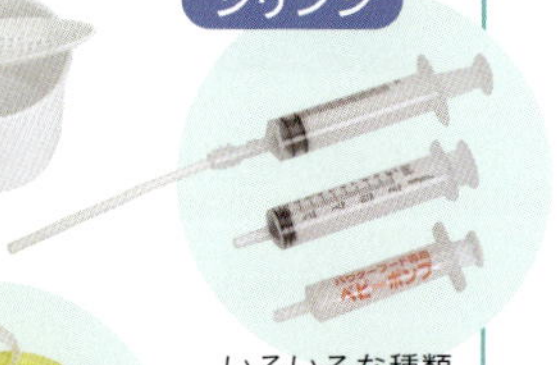
いろいろな種類があるので、インコの種類に合わせて選ぼう。

育て親 
本来はブンチョウなどのフィンチ用だが、アワ玉＋パウダーフードのエサを与えるときは、利用してもOK。

さし餌の回数と量

ヒナの食べ具合とそのうを見て判断

> **セキセイ** **ヒナ**
> さし餌をした後は、そのうをチェック。エサでいっぱいになっていることを確認しよう。

　ヒナのさし餌は、朝の7時から夜の10時頃までの間で、1日6〜7回に分けてあげます。間隔は2〜3時間おきが目安。これは、生後2〜3週間頃のヒナの場合です。健康なヒナはエサをねだるので、1回の量は「満腹になって食べなくなるまで」と考えましょう。

　さし餌の回数と量は、ヒナの様子を見ながら調節することが大切。生後3週間を過ぎたら、ひとり餌(P88)の練習をスタート。様子を見ながら、少しずつさし餌の回数を減らしていきます。

ヒナの食欲がないとき

ヒナの元気がない場合

**さし餌を食べないヒナは要注意!
保温や強制給餌が必要です**

　エサをねだる元気なヒナは安心ですが、体調が悪いヒナは食欲がありません。

　ヒナの具合が悪いときは、すぐに小鳥を診察できる動物病院へ連れていくことが大切です。

　ここでは、家でできることを紹介します。

●**30〜35度に保温する**

　具合が悪いヒナの飼育容器は、約30〜35度に保温してください(P77・83)。暑すぎるときは羽を浮かせたり、口を開けてハアハアしたりします。そうした様子が見られなければ、35度でも暑すぎることはないので大丈夫です。

●**強制給餌をする**

　さし餌を1日でも食べないとヒナは弱って死んでしまいます。食べないヒナには強制給餌が必要。アワ玉は消化できず、そのうに停滞することがあるので、消化がよい総合栄養食のパウダーフードのみをチューブつきシリンジで強制給餌します。

強制給餌のしかた

1 シリンジにパウダーフードを入れるときは、空気が入らないように注意。そのうの位置までのだいたいの長さを、インコにチューブを当てて確認する。

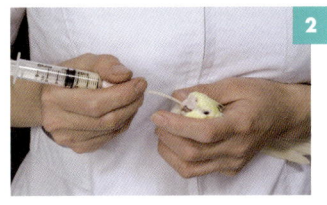

2 チューブの先端を頬の内側に沿わせるように入れていくと、気管に入ることはない。

3 チューブの先端がそのうでしっかり入ったら、シリンジを押して給餌する。

ラウディブッシュ社の強制給餌用パウダーフード。動物病院での販売のみ。

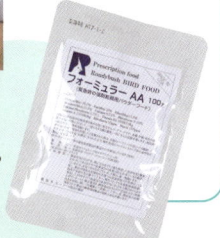

ひとり餌の練習

さし餌から ひとり餌へ 切りかえよう

ヒナは1日ごとに成長して、
だんだん自分でエサを
食べられるようになります。
底にエサをまいて
ついばむ練習から始めましょう。

[コザクラ] [メス] [中ビナ]
完全なひとり餌への切りかえ時期は
個体差があるので、あせらないこと。

切りかえの時期
切りかえは少しずつ。体重変化も要チェック

ヒナは生後25〜30日頃になると、そのうが下に下がり、見た目ではわかりにくくなります。生後30日前後からは羽毛がはえそろってインコらしく成長。この頃になると、容器の底にエサをまくと、拾い食いをするようになります。

●**生後30日頃から練習スタート**

生後30日前後から、ひとり餌の練習をスタートします。そして、少しずつさし餌の回数を減らしていきましょう。

ヒナの成長には個体差があり、寒い時期はとくに切りかえに時間がかかることもあります。生後の日数だけで決めるのではなく、体重や成長度を見ながら、あせらずに切りかえましょう。

さし餌を卒業する目安

セキセイインコ	生後35日前後
ラブバード	生後40日前後
オカメインコ	生後60日前後

アドバイス
手にのせてさし餌しよう

ひとり餌に切りかえる頃のヒナは、さし餌中も歩きだしたり羽をばたつかせて飛びそうになったりと、どんどん成長していきます。

この時期にさし餌をあげるときは、ヒナを手にのせて与えましょう。かならず手を暖かくして、手のぬくもりをヒナに覚えさせるのが、手のり鳥にするための大切なポイントです。

[セキセイ] [メス] [ヒナ]
あたたかい手にのせてさし餌する。

エサに興味をもたせる
ヒナは遊びながらエサを食べることを覚えます

飼育容器の底にエサをまくと、すぐに拾い食いをするヒナも、見向きもしないヒナもいます。床をつついて遊んでいるうちに、だんだん食べるようになるのであせらずに見守りましょう。

ひとり餌に切りかえるときのエサ

セキセイインコ	皮つき混合シード、ペレット、粟穂、ボレー粉、小松菜など
ラブバード オカメインコ	皮つき混合シード、ペレット、粟穂、ボレー粉、麻の実、ヒマワリの種、小松菜など

ステップ 1

ヒナをふごやマスカゴに入れていた場合は、様子が見やすいプラケースに移すのがおすすめ。

底にティッシュペーパーやキッチンペーパーをしき、皮つき混合シード、砕いたペレット、粟穂、ボレー粉、刻んだ小松菜などを底にまきます。ビンのフタなど浅いものを利用したエサもセット。

さし餌の回数はまだ減らしません。

▲容器の底と浅い容器にエサを入れる。

ステップ 2

ヒナがエサをついばんでいるかどうかチェック。食べているようなら、さし餌を減らす練習を始めます。最初は、寝る前の最後のさし餌をたっぷりあげ、翌朝はさし餌の時間を遅くし、自分で食べるようにしむけます。

止まり木に乗る練習もスタート。プラケースの横幅に合わせて止まり木をカットし、セットします。

▲底にエサを入れたまま、止まり木をセットする。

ステップ 3

自分でエサを食べているときは、少しずつさし餌の回数を減らします。さし餌の回数を減らすときは、ヒナの体重をときどき量り、順調に増えていることを確認してください。

さし餌が1日2回くらいになったら、飲み水を設置。最後は1日1回、夜だけさし餌します。

▲ときどき体重を量り、増えているかチェックを。

インコ 豆知識
ペレットを食べさせたいならケージの底にまいておこう

将来ペレットを食べさせたい場合は、ひとり餌の練習のとき、ペレットを細かく砕いたものをエサのメニューに加えましょう。

おとなになってから急にペレットをケージに入れても、なかなか食べないので、ヒナのときから味になれさせることが大切です。

アドバイス
いつまでもさし餌を欲しがるときは？

ひとり餌になってもヒナが甘えておねだりするときは、しばらくは1日1回、夜だけさし餌を続けてもよいでしょう。

オカメインコはとくにさし餌期間が長めで、3か月くらいさし餌を欲しがるヒナもいます。

中ビナへの成長

ヒナと遊ぶ＆
ケージ・デビュー

ひとり餌に切りかえたら、そろそろ
ヒナ用の容器からケージに引越しです。
成長に合わせてセッティングを工夫して！

セキセイ オス 中ビナ
ひとり餌に切りかわる頃になると、ヒナの性格がわかってくる。

コザクラ メス 中ビナ
ひとり餌になったら毎日遊んであげよう。

中ビナと仲よくなろう

ひとりでエサを食べて羽ばたきもスタート！

　羽が生えそろい、ひとりで餌を食べられるようになれば、もうりっぱな中ビナ。この頃のヒナは好奇心が旺盛で、いろいろなモノをつつくなど遊ぶのが大好き。羽ばたきの練習も始まります。

● 育ちざかりの中ビナと遊ぶ！

　中ビナになったら、1日30分ほどでよいので、手にのせて遊んであげることが大切です。この時期にしっかりコミュニケーションをとることで、手のり度がぐんとアップ。手にのせて話しかけたり、手からエサをあげてみましょう。
　逆に、ひとりでエサを食べられるからとインコを放っておくと、人を怖がるようになることも。中ビナの時期にしっかりコミュニケーションを。

ケージ・デビュー
おとな鳥用ケージに引っ越し！はじめはヒナ用に工夫しよう

さし餌をほぼ卒業し、ひとり餌になったら、いよいよケージ・デビューです。ヒナが生活しやすいように、セッティングを工夫しましょう。

ケージ底のフン切り網ははずして、ヒナの脚に負担がかからないようにします。高い位置の止まり木には、まだ止まれません。低くて止まりやすい木をセットしましょう。エサ入れや水入れも、ヒナが食べやすいように底にセット。ケージの底には、エサや粟穂をまいておきます。

アドバイス
羽を切るならこの時期に

中ビナになると、まもなく飛べるようになります。最初はうまく飛べませんが、あっという間に上手に飛べるようになるでしょう。

部屋にインコを出しているときは、急に飛び立ち、窓ガラスにぶつかったり、止まる場所がわからなくて落ちたりすることも。窓が開いていれば、逃げてしまう事故もありえます。

羽を切って飼いたいと思っている人は、飛べるようになった時期に、羽を切ることをおすすめします（P 121）。

ヒナ用ケージのセッティング

余っている止まり木や棒を適当な長さにカットしてタコ糸で結ぶ。ワリバシを使ってもOK。

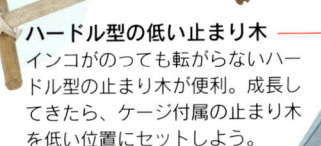

ハードル型の低い止まり木
インコがのっても転がらないハードル型の止まり木が便利。成長してきたら、ケージ付属の止まり木を低い位置にセットしよう。

エサや水は浅い容器に
ケージ付属のエサ入れはまだ使えない。ビンのフタや浅い容器にエサや水を入れよう。エサは底にもまいておく。

フン切り網をはずす
底がフン切り網になっているとヒナが精神的に落ちつかないので、はずしておく。

底に紙を敷く
新聞紙やキッチンペーパーなどの紙を敷き、毎日交換して清潔に保つ。

成長期別・ヒナの世話のポイント

	年齢		ケージの環境	エサやり・その他の世話
ヒナ	セキセイインコ ラブバード オカメインコ	生後20〜35日頃 生後20〜40日頃 生後20〜60日頃	●プラケース、マスカゴ、ふごなど、ヒナ用の容器。 ●温度は28度程度。	●2〜3時間ごとにさし餌をする。 ●生後30日前後から、少しずつひとり餌に切りかえる。 ●さし餌以外は手にのせて少し遊ぶ程度にして、静かに寝かせてあげる。
中ビナ	セキセイインコ ラブバード オカメインコ	生後35日〜5か月頃 生後40日〜5か月頃 生後60日〜半年頃	●ケージをヒナ用にセッティング。はじめのうちは、夜だけもとのマスカゴなどに戻して寝かせる。 ●飛べるようになったら普通のセッティングにする。 ●温度は24〜28度。	●ひとり餌で食べさせる。 ●飛びはじめたら部屋から逃げたり、衝突事故などに注意。羽を切るかどうか決める。 ●手のり鳥としてスキンシップをスタート。

Part 3 ヒナを手のりに育てよう！……中ビナへの成長

もっと楽しく！インコライフ

1羽で飼う？ ペアで飼う？
たくさんで飼ってもOK？

1羽で飼うと甘えん坊に！

「インコは1羽でさみしくない？」と思う人もいるでしょう。

手のりインコは、1羽でもさみしくありません。1羽で飼うと、飼い主さんによくなれた、甘えん坊の手のりインコになることが多いでしょう。

ただし、手のりインコを1羽で飼うときは、ときどき遊んであげることが大切です。

↑ コザクラ　メス　親
1羽飼いだとよくなれる。

たくさん飼いたいときは？

「いろいろな種類を飼いたい」、「色変わりのインコをたくさん飼いたい」という人もいるでしょう。

多くのインコは、1羽だけでなく複数飼いもできます。ただし、同じケージに入れるのは、同じ種類のインコだけ。ペアか、またはペアでなくてもケンカをしないもの同士なら、いっしょに入れてもOKです。

同じ種類でも、相性が悪いもの同士では同じケージでは飼えません。

↑↑ セキセイ　オス　親
セキセイはオス同士でも仲よくすることが多い。

ペアで飼いたいときは

「ペアで遊んでいるところが見たい」「将来ヒナを増やしたい」と思うなら、ペア飼いがおすすめです。インコがオスとメスで仲よくしているところは、とてもかわいい光景です。

ただし、ヒナのうちはオスメスの判断がむずかしいので、相手はおとなになってから探すとよいでしょう。

↑ セキセイ　オス(右)メス(左)　親
並ぶ姿もかわいい。

部屋に放しても大丈夫？

それぞれが手のりで、いろいろな種類のインコを飼っている場合、同時に部屋に出したいというケースもあるでしょう。

こうした場合、仲よくするインコもいれば相手を威嚇、攻撃したりするインコもいるので目を離さずに見ていること。

あきらかにいじめたり、いじめられるインコがいるなら、同時に部屋に出すのはやめます。

正しい食事と毎日の世話

PART 4

エサの種類とあげ方

シード&ペレット…インコの食事

オカメ｜オス｜親
インコの健康を左右するエサ。よく考えて選ぼう！

インコの健康を考えて、栄養バランスのよいエサをあげましょう。
混合シードやペレットを中心に
さまざまなエサを食べさせるのが理想的です。

シード + ペレットが正解

バランスのよい栄養を過不足なく摂らせよう

　野生のインコは、植物や種子、果実、ときには昆虫なども食べますが、基本的には粗食です。
　飼育下では高脂肪の種子を好んで食べることが多いですが、嗜好性の高いものばかり食べさせず、バランスよく栄養を摂取させることが大切です。

● **主食はシードとペレット**
　インコには、シード類とペレットを主食として食べさせます。シードだけ、ペレットだけでも大丈夫ですが、それぞれによい点があるので、できれば両方ともあげるのが理想的です。
　さらにボレー粉、青菜などを副食として組み合わせます。さまざまなエサを組み合わせることで、自然とバランスよく栄養を摂取できるのです。

シード類

シード類

栄養バランスがよい皮つきシードがおすすめ

　シード類は自然のエサに近いため、インコが好んで食べます。ヒエ、アワ、キビ、カナリーシードを混ぜた混合シードを主食として与えましょう。
　4種の配合割合は商品によっていろいろ。セキセイ用、オカメ用など種類別にブレンドされたシードもあります。混合シードには、皮つきと皮むきがありますが、おすすめは皮つきタイプです。

オカメ｜オス｜親
シードの皮をむいて食べるのが好き。

アワ
高タンパクで、ビタミンB1、カルシウムがやや多い。白アワ、赤アワがある。

キビ
高タンパク、低カロリーで脂質が少ない。白キビと赤キビがある。

ヒエ
アワ、キビよりも脂質がやや多い。白ヒエと赤ヒエがある。

カナリーシード
混合シードの中ではもっとも脂質が高く、好んで食べる鳥が多い。

皮つき混合シード

皮つきシードは、ビタミンなどが摂取でき、栄養価が高いのが特長です。

また、くちばしで皮をむいて食べる作業がインコは大好きで、ストレス解消にもなります。

皮つきシードは食べたあとに皮が残るため、まだエサがあると飼い主が勘違いしやすいのが欠点。エサはこまめに交換しましょう。

皮むき混合シード

皮むきシードは、皮がむいてあるので、ケージの周囲が皮で汚れる心配がありません。

ただし、栄養価は皮つきシードより劣るので、皮むきシードをあげるなら、かならず副食としてボレー粉や青菜などを与えることが大切です。

皮むきシードは、減ったぶんがわかりやすいのが特長です。

●皮つき混合シード●

●皮むき混合シード●

■おもな栄養素とその働き

栄養素	働き	不足するとどうなる？
タンパク質	鳥の血や肉を構成する。アミノ酸（メチオニン、リジン、アルギニンなど）とともに成長に不可欠。	発育不全となる。くちばしの形成阻害、羽毛疾患や毛引きの原因、産卵停止、免疫力の低下などが起こる。
炭水化物	活動のエネルギー源となる。	摂りすぎると肥満になる。
脂肪	エネルギー源となる。成長期の発育にも必要。	成長期に不足すると発育不全に。成鳥で摂りすぎると肥満の原因になる。
ビタミンA	成長、視覚、正常な皮膚の維持に必要。	皮膚や粘膜の免疫力の低下、羽毛の変色などが起こる。腫瘍ができやすくなる。
ビタミンB1	神経の働きを助け炭水化物の代謝に必要。	発育不全、神経症状、ヒナの脚弱などを起こす。
ビタミンD3	骨を形成するためのカルシウムとリンの代謝に必要。	脚や骨、くちばしや爪の軟化、変形。卵殻形成不全を起こしたり、卵管炎、卵性腹膜炎を併発しやすくなる。
ビタミンE	老化を防止、必須脂肪酸を保護する。	脳の発育不全、神経症状。
カルシウム	骨や卵を構成する。	クル病や卵殻の軟化、卵詰まり、卵性腹膜炎の原因になる。
ヨウ素	甲状腺の機能を維持し、代謝を促進する。	甲状腺腫。甲状腺ホルモン不足から羽毛障害などを起こす。

Part 4 正しい食事と毎日の世話……エサの種類とあげ方

ペレット

ペレットとは
インコのために作られた完全栄養食です！

　ペレットは、インコに必要な栄養を考えて作られた完全栄養食です。栄養的には優れたエサですが、嗜好性が低くてなかなか食べないこともあるのが難点。インコにとっては、シードのほうが食べる楽しみもあるので、シードとペレット両方をあげるのがおすすめです。

●インコの種類に合うペレットを選ぼう

　ペレットは、セキセイインコ・小型インコ用、中型インコ用などがあるので、種類に合わせて選びます。多くは輸入品ですが、最近では扱っているショップも増えてきました。身近なショップで買えないときは、インターネットを利用するのもよいでしょう。

ペレットのあげ方
1種類のペレットだけでなく何種類か食べさせると◎

　ペレットは、メーカーによって味がちがうので、インコの好き嫌いがあるようです。いろいろな種類を試してみるとよいでしょう。ペレットは、シードと同様にエサ入れに入れて与えます。

●複数の味にならしておこう

　現在、ショップで扱っていることが多いのは、ラウディブッシュ、ケイティ、ズプリームなどのメーカーのペレットです。どれも輸入品のため、手に入らなくなったときのことを考え、いくつかの種類の味にならしておくのがおすすめ。

　また、動物病院ではラウディブッシュ製の処方食を出されることが多いので、ラウディブッシュのペレットにならしておくとよいでしょう。

いろいろなペレット
写真で紹介した以外にも多くの種類があるので、自分のインコに合うタイプを選ぼう。

ラウディブッシュ
▶左は小型インコ用、右は高エネルギータイプ。

ケイティ
▶左はオカメ用、右はセキセイ＆オカメ用。

ズプリーム
▶オカメ用。右はフルーツフレーバー。

動物病院で扱うペレット

ハリソン
▶左が小型インコ用、右は高エネルギータイプ。

ダイエットフード
▶ラウディブッシュの低カロリータイプ。

処方食
▶病気のときに処方されるペレット。腎臓疾患用、腸炎用などがある。

ペレットへの切りかえ方
シードと混ぜて少しずつ食べさせよう

ペレットをはじめて与えると、なかなかインコが食べないケースもあります。とくに長年シード食だった場合は、切りかえるのにシードを食べていたのと同じくらいの期間がかかるともいわれています。

まずは、シードに少しずつペレットを混ぜるなど、食べるようになるまで工夫してあげること。ペレットを食べるようになったら、シードとペレットはかならず別容器に入れます。

エサの保存方法
シードもペレットも密閉容器に入れて早めに使いきろう

インコのエサは、賞味期限または製造年月日を確認して、新しいものを買うようにします。あまり大量に買いだめせずに、いつも新鮮なものをあげるようにしましょう。

シードもペレットも、開封したらかならず密閉容器に入れること。乾燥剤を入れ、直射日光の当たらない場所で保存します。とくにシードは、夏場は冷蔵庫の野菜室に入れるのがおすすめです。

冷凍庫に入れてもよいのですが、出したときに露がついてカビの原因になることもあります。冷凍庫にエサを入れた場合は、出した後に天日干しし、乾燥させてからあげましょう。

密閉容器に入れて野菜室で保存。

ペレットを食べさせたいとき

いちばんよいのは、ヒナのときから食べさせる方法です。ひとり餌の練習のとき（P88）ペレットを食べさせると、ペレットを食べるインコになります。おとなになってから食べさせたいときは、少しずつ味にならすことが大切です。

シードに混ぜる

シードにくだいたペレットを混ぜ、少しずつペレットの割合を多くしていきます。シードだけをより分けて食べるときは、朝はペレットだけにし、夜だけシードを入れてみましょう。

糖分を混ぜる

エサ入れにペレットだけを入れ、ほんの少しだけ砂糖をまぶします。インコは糖分が好きなので、この方法でペレットを食べることもあります。糖分をあげすぎないよう、ペレットを食べるようになったら砂糖はやめます。

手からあげる

よくなれた手のりインコの場合は、手からおやつとしてペレットをあげてみましょう。エサ入れに入っているものは食べなくても、だんだんペレットにならすことができます。

野菜・果物・飲み水

野菜・果物
ビタミンが豊富な野菜をあげよう！

インコには、副食として青菜を中心とした野菜をあげましょう。よく食べるのは小松菜、チンゲン菜、豆苗など。無農薬栽培の野菜を選ぶのが理想ですが、農薬の心配があるときは、青菜をよく水洗いしてからあげましょう。菜差しから食べずに抜いてしまうときは、クリップを利用します。

青菜類は、できれば毎日与えるのが理想的です。

りんご、みかん、バナナなどを喜んで食べるインコもいます。果物は糖分が多いので、おやつと考えてときどきあげるくらいにしましょう。

● おすすめの野菜 ●
- 小松菜
- チンゲン菜
- 豆苗

● その他の野菜や果物 ●

野菜は生か軽くゆでて、刻んでエサ入れに入れて与える。
- ブロッコリー
- かぼちゃ
- にんじん 

果物はときどきおやつ程度に与えよう。
- オレンジ
- いちご
- りんご
- バナナ

注意
インコにあげてはいけないもの
- キャベツ
- ほうれんそう
- アボカド
- ジャガイモの芽
- 生の豆
- 玉ねぎ
- 長ねぎ
- ニラ
- ももの種
- アンズの種
- ビワの種
- りんごの種 など

アドバイス
手作り野菜をあげよう！

安心して食べさせられる無農薬野菜をあげるために、小松菜、アルファルファなどをミニプランターで栽培しましょう。

野菜栽培用の土に市販の種をまき、軽く土をかけて霧吹きで水分を与えます。毎日、表面が乾かないように霧吹きをして、日当たりのいい場所に置きましょう。簡単に発芽するので、インコに食べさせます。

↑ オカメ オス 親
小松菜の芽をついばむ。

↑ セキセイ メス 中ビナ
栽培して数日で食べられる。

市販の小鳥用野菜栽培セット。

インコが好きな野草

野草はインコの大好物！ときどきあげよう

　自然の中ではいろいろな植物や種子などを食べているインコたち。野草も大好きなので、ときどきあげるのがおすすめです。

　ハコベやクローバーなど、身近に生えている草には、インコがよろこんで食べるものがあります。

● **よく洗ってからあげること**

　外でつんできた野草は、排気ガスや農薬などで汚れていることも。30分ほど水につけ、よく水洗いしてからあげましょう。

インコにおすすめの野草

　インコによって食べるもの、食べないものがあります。好んで食べるものを選びましょう。

▲ハコベ　　▲クローバー

▲エノコログサの実　　▲イヌビエの実

▲タンポポ　　▲ナズナ

インコの飲み水

水道水でOKです　毎日交換して清潔に！

　インコの飲み水は水道水で問題ありません。塩素が気になるなら、浄水器を通した水をあげるとよいでしょう。また、一度沸騰させてから、よく冷ました水をあげてもOK。

　ミネラルウォーターは硬水のものもあるので、あげるなら軟水のものを選ぶこと。そのインコの生息地で製造されているミネラルウォーターをあげる方法もあります。

　また、ヒナのさし餌（P85）を作るときの水には、蒸留水を使うと栄養の吸収がよくなるともいわれています。

　飲み水は毎日交換して、インコがいつも清潔な水を飲めるようにしてください。

インコ豆知識　食べると害のある植物

観葉植物や鉢植えの花などには、インコが食べると危険なものがあります。まちがってインコが食べないように、十分に注意してください。

- アジサイ
- アサガオ
- オシロイバナ
- カポック
- ゴムノキ
- ニチニチソウ
- スイセン
- スズラン
- ポインセチア
- ベンジャミン
- ベゴニア
- ヒヤシンス
- セントポーリア　など

スズラン　ベンジャミン　ニチニチソウ

Part 4　正しい食事と毎日の世話　……エサの種類とあげ方

その他のシード＆おやつ

おやつシードなど
好みのおやつをあげてコミュニケーションを！

　インコはシードやペレット、青菜などを食べていれば栄養的には十分といえます。

　しかし、ラブバードやオカメインコなどは、高脂肪のシード類が大好きです。ときどき、おやつ程度に与えるとよいでしょう。

● 季節の変わり目は多めに

　ヒマワリの種や麻の実などは、少量なら毎日与えてもOK。冬にそなえるときや、換羽のシーズン、繁殖をするときなど、エネルギーが必要な時期には、いつもより多めに与えます。

● コミュニケーションに役立てる

　手のりインコなら、手から直接おやつをあげれば、コミュニケーションのよい機会になります。手のりの練習をするときや、おしゃべりを教えるときなど、おやつを上手に利用しましょう。

⬆ コザクラ メス 中ビナ
高カロリーのシード類がインコは大好き。

⬇ コザクラ オス 老鳥
手からおやつをあげて仲よしタイム。

あげすぎに注意
高脂肪のものが多いのでおやつのあげすぎはダメ

　インコがよろこぶおやつは、高脂肪、高カロリーのものが多くみられます。ときどきあげる程度ならよいのですが、肥満や過剰な発情の原因になるので、あげすぎには注意しましょう。

● おやつで食事に変化を！

　おやつは、インコがむいたり、割ったり、かじったりして楽しみながら食べられるものがいろいろあります。ときどき、おやつを与えて、インコの食事に変化をつけるとよいでしょう。

いろいろな おやつ

インコの好みや状態に合わせて、上手に利用すること。
冬にそなえてカロリーを必要とする秋や、繁殖期には、多めに与えよう。

Part 4 正しい食事と毎日の世話 ……エサの種類とあげ方

ヒマワリの種
高カロリー、高タンパク、高脂肪。ラブバード、オカメインコ、中大型インコに。

麻の実
高カロリー、高タンパク。高脂肪。ラブバード、オカメインコ、中大型インコに。

サフラワー
紅花の種子。ヒマワリよりやや脂質が少なく、ビタミンAを含む。

エゴマ
シソ科の植物の種子。高脂肪、高タンパクの濃厚なエサ。

ナタネ
アブラナの種子で、濃厚な飼料。

ニガーシード
キク科植物の種子で、カナリヤ用に市販。高脂肪。

青米
お米の若い実。食物繊維が豊富。

エン麦
オーツ麦のこと。高カロリー、低タンパク。

そばの実
カルシウムを含む。ラブバードや中型以上のインコに。

キヌア
ヒナや、子育て中の親鳥・成鳥に。

かぼちゃの種
中大型インコのおやつに。

粟穂
好んで食べるインコが多い。カロリーが低いので、常時与えてもOK。

煮干し
動物性たんぱく質の補給に。

● **中大型インコに** ●
- むきくるみ
- ドライフルーツ 
- ナッツミックス

● **固めたおやつ** ●
シード類を糖質で固めたもの。ごほうびなどに。

● **おやつミックスシード** ●
基本の混合シードに、おやつシードをミックスしたタイプ。

アドバイス

人の食べ物はあげないこと

　野菜や果物などは別として、インコに人の食べ物をあげるのはやめましょう。多くがインコにとっては、糖分、脂質の摂りすぎになります。
　例外としては食パン、ビスケットなどをごく少量あげても可。病気で食欲がなくエサを食べられないとき、食パンなどをあげるとごく少量で高カロリーを摂ることができます。

ミネラル飼料＆ビタミン剤

ボレー粉・塩土・ビタミン剤
栄養をおぎなうために カルシウム＆鉱物飼料

●ボレー粉を与えよう
その他の小鳥用飼料として、ボレー粉やカトルボーンなどがあります。これらはカルシウムを摂取するための飼料です。

ヒナや若鳥はボレー粉などのカルシウムを摂ることで、丈夫な体を作ります。

ボレー粉（またはカトルボーン）は、いつでも食べられるようにケージにセットしましょう。

●塩土やグリッドはどうする？
鉱物飼料には、塩土やグリッドなどがあります。これらは胃に蓄えられて食物をすりつぶしたり、ミネラル補給になる飼料。

ひとりでエサを食べられるようになったら、ケージの中に入れてあげます。とくに夏前や繁殖期には、塩土などをケージに入れ、いつでも食べられるようにするとよいでしょう。

●ビタミン剤をあげるときは
ペレットを食べないインコや、青菜をあげても食べないときは、必要に応じてビタミン剤を利用するのがおすすめです。小鳥専用で成分、含有量などがきちんと明記されているものを選びます。

ボレー粉
カキ殻を砕いたもの。湿気に注意して保存する。

カルシウム
カルシウムやミネラルの補給に。

カトルボーン
イカの甲羅を干したもので、ケージに固定する。

塩土
赤土、塩、ボレー粉などを固めたもの。

グリッド
胃にたくわえて消化を助ける。

ミネラルブロック
野生で土などをかじっているインコのために作られたブロック。

ビタミン剤
ビタミンA、D₃、Eが入っている総合ビタミン剤がおすすめ。飲み水に添加して与える。

ヨウ素
ヨード不足に。

酵母
体力が低下しているときはもちろん、健康維持にもおすすめ。エサに振りかけて与える。
（動物病院での販売のみ）

インコ 豆知識　ボレー粉の洗い方

ボレー粉は湿気を吸いやすいので、開封したときにカビくさいようなら洗ってから使います。水を変えながら何度かすすぎ、広げて天日干しを。

与える前にさらに電子レンジで加熱し、よく冷ましてからエサ入れに入れましょう。

洗ってから、よく乾かそう。

こんなときどうする？

インコのエサ Q&A

Q シードは洗ったほうがいい？

A 皮つき混合シードなど、エサを水洗いしてから使ったほうがいいという意見もあります。しかし、きちんと管理されているショップで買えば心配はありません。そのまま与えて OK です。

シードを洗うことのメリットは、エサの保管中についたホコリなどがとれるという程度のこと。水洗いしたエサは、完璧に乾燥させないとカビの原因になるので、洗った場合は、完全に乾燥させることが大切です。

Q シードに虫がわいた！

A シードに虫がわくこともありますが、それは農薬を使っていない証拠。害虫をのぞけばインコに食べさせても大丈夫です。

虫が発生したときは、エサをビニール袋に入れて密閉し、冷凍庫で1日おいて凍らせます。これだけで害虫は死滅するので、取り出して新聞紙に広げ日陰に干しましょう。十分に乾燥させてからエサを使います。

Q エサの内容は季節で変えるべき？

A 成長した親鳥の場合は、季節によってエサを少し変えてもよいでしょう。基本的に、寒い時期には高カロリーに、3月頃から秋まではカロリーを低めにするのがポイント。

冬は麻の実、ヒマワリの種、エン麦など、高カロリーのエサをやや多めにあげて OK。ただ、いつものエサにプラスアルファする程度で、大きく内容を変える必要はありません。

⬆ オカメ オス 親
小松菜をついばむ。

Q 青菜を食べてくれません

A なかなか青菜を食べないインコもいます。さし餌のときに青菜を刻んで混ぜたり、ひとり餌の練習で青菜を刻んで与えると、成長後も青菜を食べやすいようです。

青菜を食べないインコには、ケージの底に小松菜を転がしてみましょう。興味を持ってつついたりするうちに、食べるようになることもあります。

ペレットやビタミン剤をあげているなら、無理に青菜を食べさせなくても大丈夫です。いろいろなエサのパターンを試して、インコが食べるものからバランスよく栄養を摂らせるように心がけましょう。

ケージの底に入れたり、クリップでとめておこう。

Part 4 正しい食事と毎日の世話 ……エサの種類とあげ方

エサやりとそうじ

毎日のエサやりとそうじの方法

エサやりとそうじは、
とても大切な世話です。
病気を予防するためにも
毎日のそうじと大そうじを
忘れずにしてください。

セキセイ / オス / 親
毎日の正しい世話が
長生きインコの秘訣。

エサと水やり

**エサ入れ・水入れは
毎日かならずチェック！**

　毎日の世話でいちばん大切なのは、エサやりです。小鳥は食いだめができないので、エサがないと、すぐに死んでしまいます。エサはいつでも食べられるようにしておいてください。

●**毎日エサを足し、水を交換**

　皮つきシードは、エサがあるように見えて皮だけだった、ということがあるので要注意。毎日1回、残った皮を捨て、減った分だけ新しいエサを足します。ペレットや皮むきシードは、新しいエサを足せばOK。水は1日1回交換します。

●**週1回、エサをすべて交換**

　週1回は、古いエサをすべて捨てて交換します。青菜類は、いつも新鮮なものを入れてください。

エサやりの手順

1 エサやりは1日1回。

2 食べかすの皮を捨てる。　皮つきシードの皮。

3 新しいエサを足す。

4 ケージにセットする。

毎日のそうじと大そうじ

底にしいた紙を交換してケージをいつもきれいに

●底の紙は毎日交換

ケージの底に敷いた紙は、毎日交換します。このとき、フンを見て健康状態をチェック。

そうじをさぼると、フンやエサの皮などが底にたまり、空気中に舞うので衛生的に問題です。

●月1回は大そうじを

ケージの金網やフン切り網の汚れを落とすために、月に一度は大そうじをします。止まり木やグッズをすべて出して丸洗い。そうじのときは、インコはキャリーケースなどに入れておきます。

毎日のそうじ 
ケージ底の紙を交換する。

ケージの周りが汚れるとき 
ビニールクロスをカットしてケージの周囲に巻く。 
ダンボール箱でトレイを作ってガード。

大そうじの手順

1 掃除中に逃がすなど事故に合わないよう、インコをキャリーケースへ。

2 新聞紙や残ったエサなどを捨て、ケージ内のグッズをすべて取り出す。

3 グッズとケージを水洗い。洗剤や消毒剤は使わない。フンの汚れを落とす。

4 金属部分は熱湯をかけて消毒し、日光にあてて完全に乾燥させる。

5 グッズを点検し、壊れたものは交換。エサやグッズをセットしてインコを戻す。

あると便利なそうじグッズ
スパチュラ
スポンジ
ブラシ

Part 4 正しい食事と毎日の世話 ……エサやりとそうじ

保温・日光浴・水浴び

温度管理や日光浴、
水浴びについて

インコが健康で長生きするためには、
ケージの環境を快適に
ととのえることが大切です。
寒いときは保温してあげること。

▶ コザクラ　メス　老鳥
若鳥や老鳥はとくに温度管理に
注意しよう。

ケージの保温
室温やインコの状態、育った環境を考えて決める

　1歳以下の若鳥は、秋から春の寒い時期はケージを24～28度に保温することが大切です。とくにその時期にインコを迎えた場合は、それまでいた環境と大きく変わらないように気をつけること。暖かい環境で飼われていた若鳥を急に寒い環境に移せば、体調をくずす原因になります。

●**大きな温度差に注意**

　健康なおとなのインコは、ある程度の寒さには対応できます。しかし、あまり温度が低いときは、保温対策が必要。とくに1日の寒暖の差が激しい環境は、インコにとって負担です。
　ケージの気温が昼夜で15度以上の差があるような場合は、保温の工夫をしてあげましょう。

ペットヒーター＆ビニールクロスで保温

ペットヒーターはインコが乗れないようにカゴの上の隅に設置。

ビニールクロスをかけて保温。前面は通気のためにあけておく。

コードはかじらないようにケージの外に出す。

夜間は全体を布や毛布でカバーするとよい。

日光浴と日照時間
日射病に注意して適度な日光浴を

●明るい場所にケージを置けばOK

インコは日光浴をすることで、ビタミンD_3を合成します。これが不足すると、カルシウムの代謝に問題が起こることがあるのです。

しかし、ケージを直射日光が当たる場所に置くのはダメ。ケージ内の気温が上がりすぎると日射病になる心配があるからです。

ケージは明るい場所に置き、カーテンごしに日光浴をさせる程度でOK。屋外に出して日光浴をさせる場合は、春や秋の午前中に、様子を見ながら短時間させればよいでしょう。その際は、ネコやカラスには十分に注意すること。

明るい窓ぎわで日光浴を。屋外での日光浴はさせなくてもOK。

●夜はカバーをかけよう

夜明けとともに活動を始める早起きなインコたち。コンパニオンバードの場合、夜になっても部屋が明るく、生活リズムが乱れるのが心配です。

インコは12時間くらい眠るのが理想的。明るい部屋でも眠りますが、夜はカバーをかけるのがおすすめです。夜7〜8時くらいにカバーをかけ、朝起きたときにカバーをはずしてあげましょう。

ケージは静かな部屋に置き、布ですっぽりケージを覆う。

インコの水浴び
水浴びが好きな小鳥にはいろいろ工夫を！

セキセイやオカメインコは、生息地では朝露を浴びています。ラブバードは、生息地に雨季があるので、そのときに水浴びをするようです。

水浴びは、好きなインコとそうでないインコがいます。水浴びを好むインコの場合、水入れでも水浴びをするので、いつも水をきれいにしておきましょう。

➡ コザクラ メス 中ビナ
部屋に出したときに水浴びをさせてもOK。

水浴びをしないインコでも、ときどき霧吹きで水浴びをさせてあげるとよろこぶ。

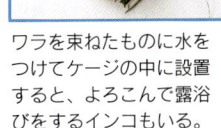

ワラを束ねたものに水をつけてケージの中に設置すると、よろこんで露浴びをするインコもいる。

インコ 豆知識　インコは昼間も居眠りするの？

インコは午前中から夕方にかけて活発に動いたり、さえずったりします。でも、ずっと活動しているわけではなく、昼間でもウトウトしていることはよくあります。

寝てばかりなら病気の疑いがありますが、起きているときは活発に行動し、ときどき眠るくらいなら問題ありません。

| 留守番をさせる |

旅行で外出！留守中の世話は？

インコは数日の外出なら留守番させても大丈夫です。エサや水を十分に与えておくこと。

▶ ヤエザクラ　メス　親
エサをたっぷり用意するのが成功のコツ。

▶ コザクラ　オス　親

留守番のさせ方

2〜3日の外出はOK エサと水を確認して

旅行などで外出するときは、インコは留守番をさせるのがベストでしょう。

インコにとって、別な場所に連れて行かれたり、預けられるより、ストレスになりません。

出かける前のチェック
- エサは外出の日数に合わせて十分に入っているか。
- 水は十分に入っているか。
- 日数が長い場合は、自動エサ入れや水入れを設置したか。
- 温度管理は大丈夫か。
- フン切り網をはずしたか。

● **エサと水を十分に用意**

2〜3日の留守番のときは、エサを多めに入れておきます。予備として、ボレー粉入れなどほかの容器にもエサを入れてセットしておきましょう。

水も通常の容器にたっぷり入れ、予備として別容器にも水を入れてセット。

● **ケージの温度を確認**

留守時は、いつも以上に温度に気をつけます。真夏の締め切った部屋は、40度近くまで暑くなるケースもあります。弱めにエアコンをかけたり、冬ならペットヒーターなどでケージを保温する必要があるでしょう。季節的に温度管理がむずかしいときは、インコを預けることも考えてください。

● **フン切り網をはずす**

留守番をさせるときは、ケージの底のフン切り網をはずしておくこと。インコがエサ入れをひっくり返してしまった場合でも、底のエサを食べられるので安心です。

自動エサ&水入れを手作り

留守用の自動給餌のグッズも市販されていますが、ペットボトルを利用して簡単に作ってみましょう。500mlなど小さめのペットボトルに針金をつけるだけで、逆さにした状態でケージにくくりつけて使えます。

ペットボトルにエサを入れ、フタをせずにエサ入れの上にふせるように設置。減った分だけ自然にエサが落ちて補充されます。

自動給水器として使う場合は、フタにキリで穴を開けてセットし、同じように使います。

このときペットボトルの中に炭を入れておけば、水が傷むのを防ぎ、新鮮な水が補充できます。

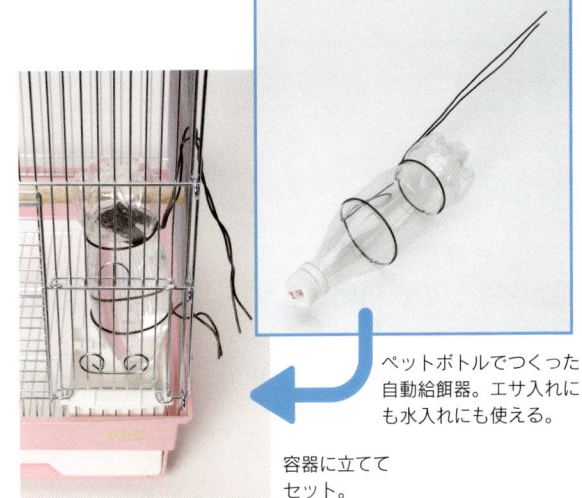

ペットボトルでつくった自動給餌器。エサ入れにも水入れにも使える。

容器に立ててセット。

インコを預ける
長期なら動物病院やペットホテルに預けよう

長期間の外出や、季節的に温度管理がむずかしいときは、インコを預けることを考えましょう。

● **家族や知人に世話を頼む**

家族や知人で家のカギを預けられる人がいれば、世話をしに来てもらうのもひとつの方法です。

● **預けたほうがよいときは**

留守番をさせるのが無理な場合は、動物病院かペットホテル、小鳥ショップに預けましょう。かかりつけの病院があれば安心して預けられます。

知人に預けるのは、万が一、事故などが起こった場合を考えると、避けたほうがよいでしょう。

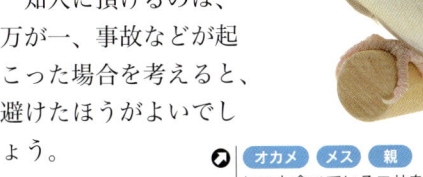

インコを預けるときのポイント

- キャリーケースに入れて連れて行く。 
- 預けるのは、いつものケージでOK。エサなどを入れておく。 
- 補充用のエサを渡しておく。 
- 普段どのような環境(保温の有無など)で飼っているか、インコの性格などを伝えておく。

オカメ メス 親
いつも食べているエサを渡しておこう。

Part 4 正しい食事と毎日の世話 ……留守番をさせる

インコと外出

病院や移動など インコとの外出は？

インコと一緒に出かけるときは
移動がインコの負担にならないように
十分に気をつけましょう。
キャリーケースに入れるのが
移動の基本です。

⇦ コザクラ｜メス｜親
移動するときは小さい
ケースに入れて。

キャリーで移動

ケージでの移動は不安定でかえって危険

　動物病院に連れて行くなど、移動が必要な場合があります。移動にそなえて、キャリーケースやプラケース、小さめのケージを用意しましょう。
　普段のケージでは十分に動ける広さがあるため、ケージ内で暴れるとかえって危険です。

●**移動用ケースに入れてエサを底にまく**
　キャリーケースはサイズがいろいろあるので、合うものを使います。プラケースでもOKです。
　底には紙を敷き、シードやペレットなど、普段食べているエサをまいておきます。短時間ならエサだけでもOKです。
　移動用ケースは、紙袋や手さげ袋に入れ、タオルなどをかけて持ち運びます。

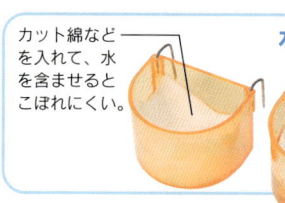

移動用ケースにはエサをまいておく。
寒いときは使い捨てカイロなどを利用し、保温して移動。

水をこぼさないアイデア

カット綿などを入れて、水を含ませるとこぼれにくい。

発泡スチロールに穴を開けたフタを作り、水入れに入れるとこぼれにくい。

乗り物に乗る

キャリーケースに入れること！自由にさせると危険です。

●車に乗るとき

車や電車に乗るときは、インコをキャリーケースに入れ、さらに袋に入れて移動するのが基本。

自家用車の場合、「いつものケージで移動したほうがラク」と思う人もいるでしょう。しかし、広いケージはケガの原因になるため、かならず小さいケースを利用してください。

手のりインコでなれていたとしても、車内で放鳥するのは、とても危険です。交通事故にもなりかねないので、絶対に放鳥しないこと！

●電車に乗るとき

キャリーケースを紙袋などに入れて移動。まわりの人に迷惑をかけないように気をつけましょう。しっかり保温してください。

●飛行機に乗るとき

通常は貨物として、有料で貨物室に預けることになります。キャリーケースやケージで預けられるのかなど、事前に使用する航空会社に確認するとよいでしょう。

真夏日は車内が異常に暑くなるので、インコだけを車内に置きざりにしないこと。

ときどき小鳥の様子をそっとチェック。

インコ 豆知識

鳥用ハーネスをつけてお出かけしよう！

鳥用に市販されているハーネスがあります。

ハーネスは、なれないと嫌がるインコも多いですが、お出かけが多いインコなら、ハーネスをつければ事故防止にもなります。

写真の商品は、ヒモだけでなくエプロンのような形で布がついていて、フンが中にたまるようになっているタイプ。インコ好きの友人と会うことがあるなど、お出かけする機会がある人は、着せられると便利です。

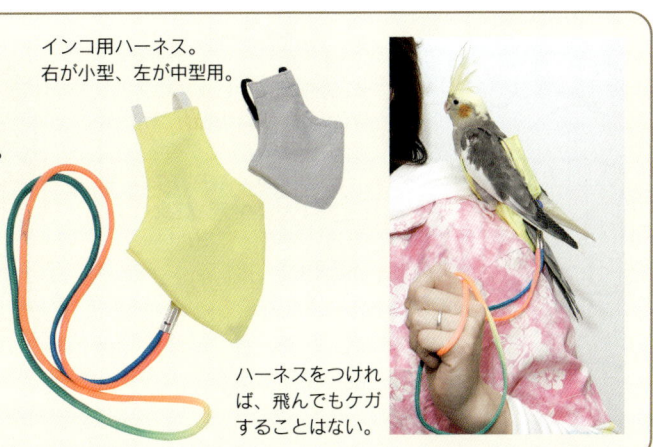

インコ用ハーネス。右が小型、左が中型用。

ハーネスをつければ、飛んでもケガすることはない。

Part 4 正しい食事と毎日の世話 ……インコと外出

もっと楽しく！**インコライフ**

季節に合わせたインコの世話

春 季節の変わり目の気温に注意

春はインコにとって過ごしやすい季節ですが、寒さが戻ることもあります。冬にヒーターなどで保温していた場合は、急にはずさないこと。

インコは1年を通して羽が生えかわりますが、春から夏には換羽期があります。換羽期の間は体力が落ちるので、高カロリーのエサをあげるとよいでしょう。春はヒナを迎えるのによい季節です。

秋 1日の温度差に気をつける

秋になり暖房器具を使いはじめると、居間などでは、昼夜の温度差が大きくなることがあります。インコのケージは部屋の角に置くなど、温度差が少なくなる工夫をしましょう。

冬にそなえて体力をつけるため、高カロリーなエサを配合するのがおすすめです。ヒナを迎えるときは、保温を十分にしてください。

夏 暑さ対策も忘れずに！

梅雨から夏にかけては、水や青菜が傷みやすいので要注意。ケージは清潔に保ち、エサもまめに入れかえ、水は1日2回かえましょう。

夏の昼間、人のいない室内は大変な暑さになります。窓を少し開けるか、人がいなくても軽くエアコンをかけるとよいでしょう。ケージには直接、エアコンの風が当たらないようにします。

冬 発情させないように注意

インコが寒さで羽をふくらましているようなら、ケージに保温が必要です。寒い時期に産卵すると卵詰まりを起こしやすいので、巣箱は入れず発情をおさえるようにします。

乾燥に強いインコはよいのですが、中南米、アマゾン産のインコには適度な湿度が必要。加湿器を使うか、ときどき水浴びをさせましょう。

手のりインコと仲よくなろう！

PART 5

インコを手のりにするには

ヒナや若鳥を
かわいい
手のりインコに！

インコとの生活でいちばんの楽しみは
手のりにして楽しく遊ぶこと。
しっかり信頼関係を築いて
楽しくコミュニケーション！

|セキセイ|オス|親|

インコとふれあうことで
さらに仲よし度が深まる。

ヒナから育てる
さし餌をして育てれば
とても人になれた
かわいい手のりインコに！

小鳥を手のり鳥にするには、ヒナから育てるのがいちばんの方法。親鳥の代わりに、飼い主さんがさし餌をして育てれば、インコと深い信頼関係が結ばれます。ヒナの世話はPART 3を見てください。

自分でヒナから育てられない人は、ショップでさし餌をして育った中ビナを迎えましょう。

|コザクラ|ヒナ|

人に甘えるかわいい
インコにしよう。

|インコ|豆知識|

ずっと手のり鳥でいて
もらうためのコツ

手のりインコとは、毎日短時間でいいので、声をかけたり手にのせたりして、コミュニケーションをとりましょう。

|ボタン|メス|親|

ケージから出さないと、
人の手を怖がるように
なることもある。

おとな鳥を手のりにする

あせらないで少しずつなれるように練習しましょう

おとなのインコを手のりにしたいときは、できるだけ若い小鳥を選びましょう。できれば、ショップでさし餌をして育った若鳥がおすすめ。人とふれあわずに育ち、おとなになっている鳥は、手のりにするのはむずかしいかもしれません。

おとなのインコは、ケージに近づいたり手を見せたりして、できるだけこわがらないインコを選びます。おやつを使い、あせらずに時間をかけてならすようにしましょう。

● **無理に手のりにしないこと！**

手のり鳥として飼われていなかった親鳥は、どうしてもなれない場合があります。

そんなときは無理に手のりにしようとせず、インコの個性を尊重してあげること。たとえ手や肩にのらなくても、ケージごしに声をかけたりして、小鳥との生活を楽しみましょう。

アドバイス
インコは目線よりも下でつきあう

手のりインコは手や肩にのったり、ときには頭にのったりもします。鳥は下より上にいるほうが安心するという習性があるのです。

しかし、鳥の世界では、高いところにいるほうが低いところにいるより優位という認識があります。

肩や頭にのることを許していると、人を威嚇(いかく)したり、耳をかむようになる場合もあるので、気をつけましょう。

鳥は「上にいるほうが優位」と感じる習性がある。

おとな鳥をならす方法

エサを使って根気よくならしましょう。練習中は絶対つかまえたりしないこと。

1 なるべく人をこわがらないインコを迎える。

2 おやつをエサ入れに入れ、自分で食べさせる。そのコの好物を見つけたら、好物をエサ入れに入れないようにする。

3 ケージの外から好物のおやつを見せ、金網ごしに食べさせる練習をする。

4 次はケージの中に手を入れて、おやつをあげてみる。それができるようになったら、出入り口を開けてインコが出てきたところであげよう。

| 楽しい放鳥タイム |

部屋にインコを出して遊ぼう！

手のりインコを自由に遊ばせましょう。
放鳥は人とインコが遊ぶ大切な時間。
安全に気をつけて楽しんで。

> オカメ｜オス｜親
> 部屋に出している間はインコの安全をつねに確認。

インコの散歩時間

手のりインコをケージから出して遊ぼう！

　手のりインコは、毎日ケージから出して遊んであげます。長時間の放鳥は事故の原因になるので、出しっぱなしは禁物です。

● **なれていないインコは出さなくてOK**

人になれていないインコは、部屋に出すのは大変です。広めのケージで飼い、ときどき話しかけましょう。

> セキセイ｜オス｜親
> 放鳥は1日1〜2回、30分から1時間が目安。

ケージから出すとき

入口を開けると出てくる。

おなかのあたりに手を出すと自分でのってくる。

Part 5 手のりインコと仲よくなろう！……楽しい放鳥タイム

インコと遊ぼう！

手のりインコをケージから出したら、仲よく遊びましょう。

コミュニケーション 1 　手にのせる

手や体にのせて名前を呼んでみましょう。
手は暖かくしておくのがポイント。

左右の指を交互に出すと、階段を登るように移動。

おとなしいインコは肩にのせてもOK。

手のひらや指にのせてみよう。

コミュニケーション 2 　インコをなでる

なでても大丈夫なコは、やさしくなでます。
いやがるときはやめましょう。

顔のまわりをやさしくなでよう。

頭や耳のまわりをなでるとよろこぶ。

インコと遊ぼう！

コミュニケーション 3 おやつをあげる

インコはおいしいおやつをくれる飼い主さんが大好き。顔の前でおやつを見せると自分で食べます。

ヒマワリの種などのおやつを手からあげる。

野菜もあげてみよう！

コミュニケーション 4 話しかけたり口笛を吹く

話しかけたり、歌を歌ったり、口笛を吹いてみましょう。飼い主さんの口元をツンツンして催促(さいそく)するコも。

手にのせて顔を見て名前を呼ぼう。

インコのひとり遊び

お気に入りの場所があればそこで遊ぶようになります

インコは、あちこち自由に歩いたり、探検するのが大好き。インコに危険がないように環境をととのえたら、自由に遊ばせましょう。紙をかじるのが好きなコには、かじってよい紙を与えます。

🌏 コザクラ　メス　親
ラブバードのメスは紙をかじるのが好き。かみごたえのある紙を用意してあげよう。

アドバイス

**室内には危険がいっぱい！
安全な部屋にしておこう**

インコが食べるとキケンなものは、片付けておくこと（観葉植物はP99参照）。また、狭いところに入って出られなくなったり、キッチンの熱い調理器具でヤケドをするなどの事故が多く起こっています。インコを安全に放鳥しましょう。

事故防止のポイント

- 放鳥中は目を離さない
- 窓やドアを閉める
- 窓にはレースのカーテンをつける
- 危険なモノを片付ける
- キッチンには行けないようにする

遊び場を作ろう！

インコを部屋に出すなら、お気に入りの遊び場を用意するのがおすすめ。市販の小鳥スタンドもありますが、手づくりしてもOK。おもちゃをつけたり、小鳥が気に入る形を考えましょう。

市販の止まり木タイプの遊び場。

部屋に置けばインコのお気に入りの場所になる。

手作りの遊び場

▼止まったり、登ったりできて、カラフルなおもちゃが楽しい！

▲天井から止まり木を下げる。高い位置に止まれて満足。

ケージに戻す

楽しく遊んだあとはインコをケージに戻します

インコと遊んだあとは、手にのせてケージの中に戻しましょう。ケージの出入り口を開けたまま自由に出入りさせると、インコが外にいるのに気づかず、事故に合う心配があります。出すときも入れるときも、人がすること。

1 手にのせてケージの入口に連れていく。このとき「おうちに帰ろうね」などと、かけ声を決めておくとよい。

2 自分でケージに戻っていく。

3 ケージにおやつを入れておいたり、戻ったらおやつをあげてもOK。

Part 5 手のりインコと仲よくなろう！……楽しい放鳥タイム

インコのしつけ
かみぐせをつけさせない！甘やかさずしっかりしつけ

●フンのしつけはムリ

インコはしょっちゅうフンをしますがフンのしつけは無理。ケージから出すと即フンをします。インコの遊び場（P119）を作ると、そこにいることが多いので、そうじがラクになります。

●インコがかむとき

モノをかじるのはインコの習性でもあるため、手のりインコでも人をかむことがあります。

何かに驚いてかんだり、ケージに手を入れるとかむなど、かむにも理由はあるようです。発情期や巣引き中はとくに気をつけましょう。

●かまれたらどうする？

かまれたとき、驚いて振り払うと鳥にケガをさせる可能性が大。かまれたら冷静に対処すること。

インコがかんで放さないときは、顔が真上を向くように、かまれている手をクイっと上げたり、おもちゃなどで気をそらせます。

かみぐせをつけさせないつきあい方

インコの表情をよく見て、かみそうなときは、手を出さないのがベストです。また、かみぐせをつけないためには、飼い主が上の立場に立ち、インコの要求に従わないことも大切。

たとえば、ケージの中で「出して！」と落ち着きなく催促しているときは放鳥せず、落ち着いているときを見はからってケージから出しましょう。

また、かむインコは肩や頭にはのせないこと。手の指にとまらせ、ひじをさげて肩に登らないようにするのがポイントです。

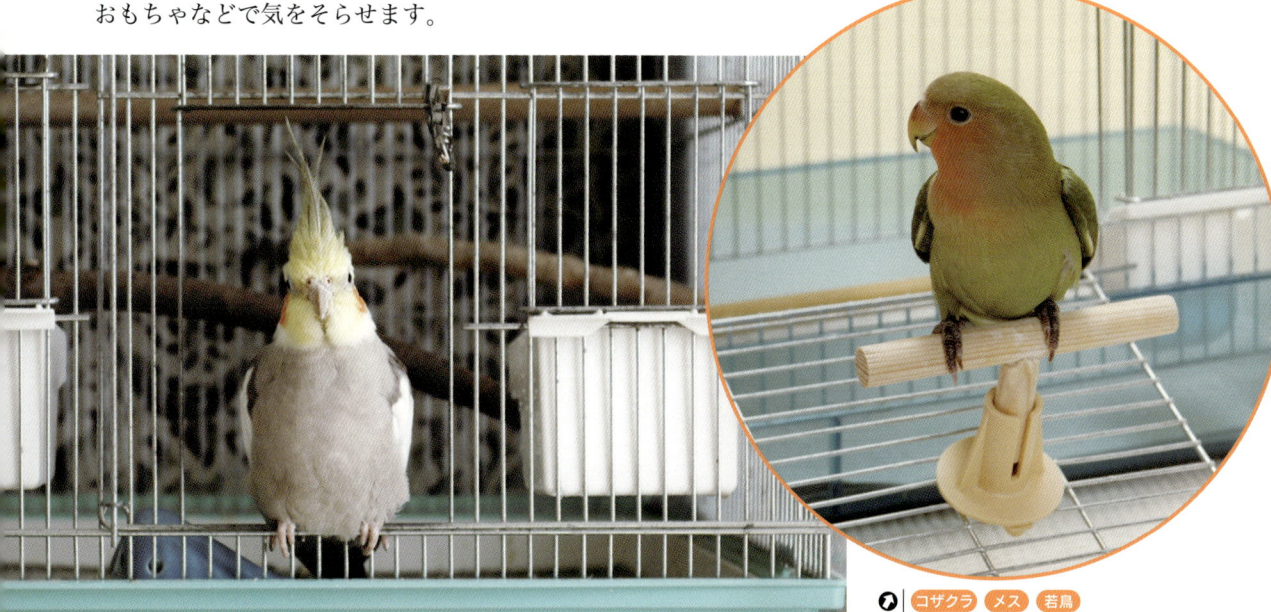

かんで放さないときは顔に息をふきかけると、くちばしを放す。

オカメ オス 親 落ち着いているときに出してあげよう。

コザクラ メス 若鳥 かんだときはすぐケージに戻すこと。

羽を切って飼いたいときは

　インコは、風切羽を切る「クリッピング」をして飼っている人も多いでしょう。

　羽を切るか切らないかは、飼い主さんの考え方しだい。放鳥やケージをそうじするときに必ず窓を閉め、逃げるのを防ぐことができるのであれば、羽を切る必要はないかもしれません。自然のままがよいという考え方もあるでしょう。

　しかし、窓を閉め忘れてインコを逃がす人が多いのは事実。また、放鳥時、飛び回ってケージに戻らず困っているなら、羽を切ったほうがベター。

　クリッピングをするときは、正しい方法で切ること。中途半端な切り方だと、羽が折れたり、事故につながる危険があります。

羽を切るメリット
- 不注意で逃がすことがなくなる。
- あまりなれていなくても、世話がしやすい。

羽を切るデメリット
- 飛べないために落下事故が起こる場合がある。
- 万が一逃げたとき、飛べないので外で生き抜く力がない。
- 切り方が悪いと左右のバランスが悪く、羽が折れることがある。

羽の切り方

　クリッピングは、風切羽を切り、あまり飛べないようにするのが目的。風切羽を広げたとき、外側の長い部分、初列風切羽を切りましょう。

　切るポイントは初列雨覆いのぎりぎりのところで切ること。残った部分が長すぎず安全です。切る羽根は4～5枚で飛び具合を見て調整します。

　見た目を考え、外側の羽根だけ残す切り方もありますが、かえって羽を折り出血する原因に。風切羽の先を全部切ると、飛行能力がなくなりすぎるため、おすすめできません。

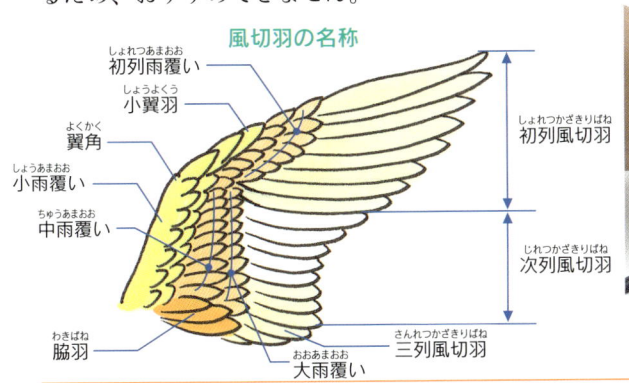

セキセイ　オス　親
風切羽の外側から4、5枚の先の部分のみを切る。

セキセイ　オス　親
初列雨覆いのぎりぎりのところで切ると見ためがきれい。左右対称に両羽を切る。

風切羽の名称
- 初列雨覆い（しょれつあまおお）
- 小翼羽（しょうよくう）
- 翼角（よくかく）
- 小雨覆い（しょうあまおお）
- 中雨覆い（ちゅうあまおお）
- 脇羽（わきばね）
- 大雨覆い（おおあまおお）
- 三列風切羽（さんれつかざきりばね）
- 次列風切羽（じれつかざきりばね）
- 初列風切羽（しょれつかざきりばね）

おしゃべりトレーニング

できるかな？
おしゃべりを
教えよう

かわいいさえずりだけでなく
モノマネやおしゃべりが
できるインコもいます。
やさしく話しかけて練習を！

> セキセイ　オス　親
> おしゃべりは男の子のほうが得意。

> オカメ　メス　親
> オカメは言葉よりメロディを歌うのが上手。

誰が得意かな？
セキセイやオカメのほか中大型インコも上手！

　おしゃべりができるコがいるのもインコの魅力です。セキセイインコは、おしゃべりが得意な種類。オカメインコは、おしゃべりより口笛などをマネすることが多いようです。ラブバードは、あまりおしゃべりはしません。
　ヨウム（P70・72）や緑色系大型インコ（P71・73）など、中大型インコには、おしゃべりが上手な種類がたくさんいます。

● **おしゃべりができないコもいる**
　ただし、おしゃべりが得意な種類でも、みんながおしゃべりできるわけではありません。おしゃべりができないこともあるということを知っておきましょう。

Part 5 手のりインコと仲よくなろう！……おしゃべりトレーニング

インコの会話
さえずりや鳴き方 おしゃべりは個性いろいろ

　おしゃべりを練習するなら、若いうちから少しずつ教えましょう。おとなになってから始めるより、しゃべる確率が高くなるようです。

　おしゃべりができなくても、名前を呼ぶと「ピヨッ」と返事をしたり、口笛をまねして歌ったりするインコもいます。ひとり言のように「クチュクチュ」「プチプチ」鳴いたり、それぞれにかわいいので、魅力的な個性を楽しみましょう。

　まずは、名前を呼ぶことからスタート！

Pi！

セキセイ　オス　若鳥
インコとの会話を楽しんで練習を。繰り返して練習すれば、だんだん覚えるかも！

インコのおしゃべりレッスン

レッスン1　パ行の言葉から教える

インコ、オウムは舌の構造上、「パ、ピ、プ、ペ、ポ」が覚えやすい。はじめは名前から教えるのが一番ですが、頭がパ行だと理想的。

レッスン2　教えるのは女性がおすすめ

女性や小さな子どもなど、高くて聞き取りやすく高音だと覚えやすい。

レッスン3　ほめるサインをする

指先を上下にふる、指先で軽く小鳥の頭にふれる、小さく指を鳴らすなど、インコがわかるようサインを出してほめよう。

レッスン4　一度に教えるのは「ひと言」

必ずひと言ずつ教え、完全にマスターしてから次の言葉にうつること。

しぐさと気持ち

インコの しぐさで 気持ちがわかる？

ごきげんでさえずったり、頭を振ったり。
表情や行動、しぐさから
インコのホンネがわかります！

> オカメ オス 親
> なになに？
> 呼ぶとくるのはゴキゲンのとき！

インコの行動をチェック！

ケージの中でどんなふうに過ごしているかな？
起きている時間の多くは、食べたり、羽づくろいをしています。

オカメ オス 親

食べる
インコはしょっちゅう食べている。ぱくぱく。もぐもぐ。

セキセイ オス 親

羽づくろい
リラックスしているときには、くちばしで体中を羽づくろい。新しく生えてきた筆毛も、きれいにそうじ。

オカメ オス 親

のびをする
片脚をあげ、片方の翼をグーッとのばしてのびをする。両翼を上にのばすのびもして、いつでも飛べるようにスタンバイ。

セキセイ オス 親

眠る
たいていは止まり木の上ですやすや。片足やくちばしをしまっていることもある。

Part 5 手のりインコと仲よくなろう！……しぐさと気持ち

インコの表情としぐさ

うれしそうにさえずったり、怒ったり、インコはとても表情が豊か。一緒に暮らしていると、だんだんインコの考えていることがわかるようになります！

ごきげん！
気持ちよくさえずっているのはゴキゲンなとき。

「ピヨ！」「ピ！」

↘ セキセイ｜オス｜親

わくわく！
頭を上下にふるのはわくわくしたり、ごきげんなとき。

くい くい

↑ コザクラ｜オス｜老鳥

びっくり！
冠羽を立てたり、羽を体にぴったりつけて細くなっているのは、驚いたり、緊張したり、何かに集中しているところ。

↘ オカメ｜オス｜親

なでて！
おじぎするように頭を下げて「なでて」と甘える。

「気持ちいい」

↑ コザクラ｜メス｜親

なあに？
首をかしげるのは、考えているところ。

↘ セキセイ｜メス｜若鳥

↘ コザクラ｜オス｜老鳥

125

もっと楽しく！インコライフ

インコを上手に持って爪切りをしよう！

保定とはインコをしっかり持ち、動けないようにおさえること。健康チェックや爪切りのときは、上手に保定を。爪が伸びていないときは、爪切りの必要はありません。

保定のときは、かまれることがあるので、手袋をするのがおすすめです。

鳥は胸に呼吸器官があるので、胸部をギュッと持つと呼吸ができずに死んでしまいます。自分でできないときは、小鳥専門の獣医さんにお願いしましょう。

小型インコの保定

背中から包み込むように持ち、人差し指と中指の間に首を入れて動かないようにします。このとき指に脚を止まらせてやると、インコが安心しておとなしくなります。

網に入れる方法

上手におさえられないなら、インコを写真のような網に入れてしまうのもひとつの方法。網目に爪がちょうど引っかかるので、爪切りが簡単にできます。

中型インコの保定

オカメインコ以上の大きさのインコは、親指と中指で首をはさんで、人差し指で頭を抑えるようにします。小型インコの保定の仕方では、かまれやすいので注意しましょう。

爪切り

血管が通っている部分まで切らないよう、先端から少しずつ切りつめていく。黒い爪は血管が見えないのでとくに注意が必要。

くちばしを削る

自咬症（P151）のときは、くちばしの先をやすりなどで少し削ってあげるとよい。人用の爪切りのやすり部分を使ってもよい。

かわいいヒナを増やそう！

PART 6

巣引きの準備

ヒナを増やしたい！まずはペアづくりから

> ボタン オス 親
> 相性ばっちりのペアなら巣引きの成功率がアップ。

「巣引き」とは、小鳥を繁殖させること。かわいいヒナを見たいと思ったら、親鳥の仲よしペアづくりからスタート！

↑ ボタン メス 親

インコのペアリング
相性はどうかな？繁殖をさせたいならオスメスのペアづくりから

　巣引きしてヒナを増やすには、まず仲がよい親鳥のペアがいることが条件です。

　ペアリングでいちばん大切なのは相性。同種のオスメスならペアになるというわけではありません。気が合わない相手だと、ケガをするまでケンカをすることがあるので一緒にできないのです。

●**色や年齢も関係する!?**

　小鳥の視覚はカラーで見えるため、羽の色で相手を毛嫌いすることもあるといわれています。うまくいかないようなら、ちがう色の相手を合わせてみましょう。

　また、オスを年上にしてみたり、年下にしてみると、うまくペアになることもあります。

小鳥をペアにするには？

ペアをつくるには次の3つの方法があるので、自分に合う方法を選びましょう。

1 ペアの相手を迎える
　現在飼っているインコに、新しく相手を迎える方法。新しく迎えるインコと相性が合うかどうかがポイント。

2 複数の鳥を飼って自然にペアをつくる
　何羽か同種類のインコを同じケージで飼い、自然にペアができるのを待つ方法。ペアができたら、別のケージに同居させ、巣箱を設置します。 

3 ペアになっている親鳥を飼う
　繁殖が目的なら、はじめからペアになっている親鳥を飼う方法がおすすめ。ただし親鳥は手のりではないことが多いです。同性同士で仲がよいこともあるので、オスメスのペアかどうか確認して。

お見合いをさせる
ケージを並べておきペアの相性をチェック！

ここでは、ペアになる相手のインコを迎えるときの方法を紹介します。ペアにしたいインコは、それぞれ別のケージに入れたまま、ケージごしにお見合いをさせます。このとき、ケージごしに仲よくするようなら見込みあり。

1週間以上たっても相手を威嚇したり逃げるようなら、ペアにするのは難しいかもしれません。

繁殖の条件
- 親鳥が健康でオス、メスの相性がよい。
- オスもメスも1～2歳ぐらい。若いほうがよい。セキセイは生後8か月から繁殖できる。
- 季節は春、または秋。初心者はヒナを育てやすい春がおすすめ。
- 巣引きは年に2～3回までにする。

インコ豆知識　手のり鳥は巣引きに向かない？

人になれている手のり鳥の場合、巣引きがうまくいかないことがあります。手のり鳥は飼い主をパートナーと思っているため、小鳥の相手とペアになりにくく、新しい鳥にヤキモチを焼くこともあるのです。

うまくペアになり鳥のパートナーができると、それまでの飼い主との関係が変わることも。巣引きは本能で行なう野生的な行動。巣引き中のインコは人に攻撃的になることがあるので、少し距離をおいて見守ることが大切です。

[コザクラ][メス][親] 巣引きしても人になれたままのインコもいる。

お見合いの手順

1 飼っているインコを連れてショップに行き、相性がよさそうな相手を見つける。

2 ケージごしにお見合いをさせる。仲よくしているようなら同居させてみよう。

ポイント！ 相性が合わない場合はインコを交換してもらえるかどうか、ショップの人と相談しておくのがおすすめです。

ココに注意！ オスもメスも若い鳥を選ぶのが成功のポイント。年齢を見るときは足のツヤでチェック。白い粉がふいたような足の鳥は、年齢が高い可能性あり。セキセイは、年齢とともに黒目のまわりの白いリングが太くなります。

巣引きの流れ

ペアの同居から産卵、ヒナ誕生までの世話

ペアができたらいよいよ同居。
産卵から抱卵、
ヒナがふ化するまで、
巣引き成功のポイントを
紹介します。

◉ セキセイ　メス　親

◉ セキセイ　オス　親
セキセイは繁殖させやすい種類。

同居からヒナ誕生まで

相性がよいペアができたら巣箱つきケージに同居を

　ペアができたら、巣箱をセットしたケージにオスメスを同居させます。

●巣箱はどこにセットする？
　巣箱は側面と背面にキリで穴を開け、針金でしっかり固定。このとき大切なのは、巣箱をとりつける高さ。止まり木の上で交尾すると無精卵になる確率が高くなるため、巣箱の上で交尾させるのが理想的です。オスとメスが巣箱にのれる空間を開けてセットしてください。

●産座板について
　巣箱には産座板（さんざ）という、中央に穴を開けた板がセットされています。これは卵が巣箱の中で散らばらず、真ん中に集めて抱卵しやすくするためのもの。しかし、鳥によっては産座板をかじってはね上げるなどして、卵を割ることがあるので注意。産座板か巣材（P134・136・138）のどちらかを入れましょう。

セキセイ用。　ラブバード用。　オカメ用。 　産座板。

巣箱を取り付ける器具を利用してもOK。

交尾できる空間を開けてセット。巣箱は床に置かないこと。

Part 6 かわいいヒナを増やそう！……巣引きの流れ

ペアの同居

　ペアになりそうなオスとメスを、巣箱を設置したケージに同居させます。
　ペアが仲よく羽づくろいをし合ったり、エサを吐き戻してプレゼントしているようなら、巣引きの期待がもてるでしょう。やがて巣箱に入るなどの行動も見られるようになります。

ペアをひとつのケージに入れる。

世話のポイント

　ケージは明るい場所より、少し暗めの場所のほうが成功率がアップします。同居させてしばらくは、ケンカをしないか観察し、ケンカをするようなら、しばらく別にして様子をみましょう。
　発情を促すために、カナリーシード、アワ玉、麻の実、ブリーダータイプのペレットなど高たんぱくのエサをいつものエサに加えます。

仲よくしているかチェック

発情・交尾

　オスは発情するとメスに向かって肩を広げるなど、ディスプレイ行動を見せます。メスは尾羽をもち上げるような格好で、オスを受け入れる体勢をとります。
　オスがメスの背中にのる交尾行動が見られると、やがてメスが巣箱に入るようになるでしょう。

交尾行動が見られると産卵も近い。

世話のポイント

　発情を促すために、引き続き高カロリー、高タンパクのエサを加えます。巣箱の上は交尾をするのに十分なスペースがあるでしょうか。止まり木の上で交尾しているようなら、安定した止まり木を入れてあるか確認を。
　だんだん巣箱に入るようになりますが、エサや水の交換、そうじなどは、普段と同じように世話をします。

だんだん巣箱に入るようになる。

産卵

　最初の交尾をしてから1週間程度で、メスが巣箱に入ったままになり、産卵、抱卵がはじまります。メスが大きいフンをしだしたら、抱卵の始まりと考えてよいでしょう。
　インコは1日おきに1個ずつ、一度の巣引きで5～6個を産卵します。

産卵すると抱卵が始まる。

世話のポイント

　産卵中は十分に栄養を摂る必要があるので、高脂肪のアワ玉、麻の実、カルシウムを摂取するためのボレー粉、青菜などを与えます。
　普段ペレットを食べさせている場合は、栄養が強化されたブリーダータイプをあげましょう。
　そうじは通常のようにしてかまいませんが、すばやくすませること。

青菜やボレー粉もあげる。

抱卵

　抱卵している間は、おもにオスが巣箱にエサを運びます。またオスは巣箱の前で警戒して鳴いたり、巣箱を見張る行動もみられるでしょう。
　インコの種類によって、メスだけが抱卵したり、オスも交替で抱卵することがあります。
　抱卵の期間は種類によってちがいます。

セキセイのオスは見張り役。

世話のポイント

　いつ卵を産んだか、抱卵しているかなど、巣箱の様子をときどきチェック。ただし、頻繁にのぞくと抱卵をやめてしまうことがあるので要注意。とくに手のり鳥ではない場合は、慎重にすること。
　この時期はケージの置き場所を変えないこと。布をかけて暗くする必要はありません。
　抱卵に入ったら、エサは通常の内容に戻します。

抱卵後はいつものエサに戻す。

ふ化

　抱卵をはじめてから17〜23日前後で、ふ化がはじまります。ふ化するとヒナの鳴き声が聞こえてくるのでわかるはず。

　卵は順番にふ化しますが、中にはふ化しないものもあります。親鳥は抱卵を続けながら、ヒナにエサを吐き戻して与えます。

卵は順番にふ化していく。

世話のポイント

　巣箱の中はフンで汚れているはずですが、ヒナが生まれて生後3週間頃までは、巣箱のそうじはしないこと。ときどきヒナの様子を観察します。

　ふ化がはじまったら、栄養価が高いエサが必要です。アワ玉や麻の実をエサに加えたり、ブリーダータイプのペレットに切りかえましょう。ボレー粉、青菜、水も多く与えること。

高栄養のエサを与えよう。

育雛（いくすう）

　親鳥は、ヒナに半分消化したエサを戻して与えて育てます。ふ化した直後のヒナは、赤裸で目も開いていません。生後約1週間で目が開き始め、2週間でうぶ毛が生えてきます。

　産卵された順にふ化するので、成長度合いに差がでますが、約3週間で羽毛の色も鮮やかになり筆毛が生えます。

世話のポイント

　親鳥がヒナを育てる大切な時期。アワ玉やブリーダータイプのペレット、ボレー粉、青菜、水など、栄養価の高いエサをたっぷり与えます。

　生後35〜50日ほどで、ヒナは自分で巣箱から出てきて巣立ちします。

アドバイス

ヒナを手のりにしたいときは

　親鳥に最後まで子育てをまかせると、ヒナは手のりになりません。ヒナを手のり鳥にしたいときは、生後21日を目安に巣箱から出し、人がさし餌をして育てましょう。夏は2日ほど早く、寒い時期は2日ほど遅く巣箱から出すのがおすすめ。

　ヒナはすべて一緒に出してもOKですが、成長が遅く小さなヒナがいるときは、大きなヒナから出してもかまいません。

　ヒナをすべて巣箱から出したら、ケージから巣箱をはずし、エサを通常の内容に戻します。

　ヒナは、しばらく親鳥に鳴き声が聞こえないところで育てましょう。ヒナの世話はPART 3（P 76〜91）を参照してください。

生後約20日のセキセイのヒナ

Part 6　かわいいヒナを増やそう！……巣引きの流れ

セキセイインコの巣引き

セキセイインコの オスは巣の見張り役

セキセイ **ヒナ**
左から **オス** **メス** **オス**
かわいいヒナが生まれたら手のりに育ててみよう！

セキセイインコは比較的、巣引きがしやすい種類です。
かわいいヒナの誕生が楽しみ！

巣引きの手順
仲よしペアで繁殖に挑戦！
ヒナ誕生まで見守ろう

繁殖用ケージレイアウト
巣箱の上をあけてセッティングする。

ペアリングと同居

セキセイインコ用の巣箱をセットしたケージに、セキセイのペアを同居させて産卵を待ちます。巣箱には、産座板か素材を入れます。

セキセイ **オス** **親**
オスどうしで仲よくすることも多いので、性別をしっかり確認しよう。

巣材を入れるなら
オガクズ

親鳥のオス・メスの判別

ペアリングは、オスメスを正しく判別することが大切です。

ノーマル・ケンソン系・スパングル・ウイングなど

オス：ろう膜が青く、発情期にはより青みが強くなる。

メス：白または茶褐色で発情期は茶色がでます。まれに薄青色で鼻腔のまわりだけが白いものもいる。

ルチノー・アルビノ・ハルクイン・パイドなど

オス：ろう膜全体が薄いピンク色で、やや青みがかっている。

メス：ろう膜全体がごく薄いピンクで鼻腔の周囲が白い。2歳頃から濁った白、茶褐色に変わる。

産卵から巣立ちまで

交尾をして、メスが巣箱に入ることが多くなると、産卵が近い証拠。産卵がはじまりメスが巣箱から出てこなくなると、オスがメスにエサを運びます。卵の数は4〜5個。

●オスが巣箱を見張る

セキセイインコは抱卵をメスにまかせ、オスは見張りをしているケースが多いようです。

約17日で最初の卵がふ化。その後もふ化は続き、オスはメスにエサを運び続けます。

●生後1か月で羽色がはっきりする

手のりにする場合は、生後3週間ほどで巣箱から出し、さし餌をして育てること。この頃から羽がそろいはじめ、生後30日頃には羽色もはっきりします。自然に巣立ちをさせる場合、ヒナは生後35日ほどで巣箱から顔を出すようになります。

完全なおとなの羽になるのは5〜7か月頃です。

巣引きのポイント	
巣引き中のエサ	皮つき混合シード、カナリーシード、アワ玉、ブリーダータイプのペレット、ボレー粉、塩土、青菜など
ふ化までの日数	産卵から17日前後
手のりにするなら	ふ化から3週間前後に出す
自然な巣立ち時期	ふ化後35〜40日前後

親鳥と卵とふ化したヒナ（生後約2週間）。

ふ化した時期によって成長に差がある。左は生後19日目。

Part 6 かわいいヒナを増やそう！……セキセイインコの巣引き

ラブバードの巣引き

とっても仲よし！ラブバードの繁殖

相性がよいと、
とても仲のよいペアになるのが
ラブバードの魅力。
どんな色のヒナが生まれるかな？

⬇ コザクラ｜オス｜若親
ラブバードの繁殖はヒナの色も楽しみのひとつ。

⬆ コザクラ｜メス｜若親

巣引きの手順
お気に入りの相手とペアになれれば巣引きもOK！

■ ペアリングと同居

　ラブバードは、好き嫌いが激しいので、ペアリングがうまくいけば、巣引きは半分成功です。オスメスをしっかり判別して、相性がよいペアを見つけてあげましょう。ペアリングがうまくいきそうなら同居させます。

⬅ ボタン｜メス｜親

⬅ ボタン｜オス｜親
気に入らない相手は攻撃するのでペアリングは慎重に。

繁殖用ケージレイアウト
上に交尾できるスペースをあけて、巣箱をセッティングする。巣箱をかじらないよう巣材も入れる。

巣材を入れるなら
オガクズ　　柳の小枝

かわいいヒナを増やそう！ ……ラブバードの巣引き Part 6

親鳥のオス・メスの判別

ペアリングの際、オスメスをしっかり判別します。
判別が難しいインコですが、骨格や顔つき、行動などを総合して判断しましょう。

●体の部分で見分ける
　腹部の骨格、くちばしの形、頭部の形など、さまざまなところを見てオス、メスの判別をします。判別法はヒナのときと同じですが、親鳥のほうがわかりやすくなります（P 80参照）。

●行動などで見分ける
　コザクラインコのメスは発情期になると、紙をちぎって自分の羽にさすので、この行動でメスとわかります。止まり木などにお尻をこすりつけて交尾行動をしていればオスです。求愛のさえずりやディスプレイ、交尾行動は、オスもメスもすることがあるので、はっきりとは判断できません。

メス　　オス

コザクラインコのノーマルの親。

産卵から巣立ちまで

交尾行動が見られた後、メスが大きなフンをするようになると、まもなく抱卵です。メスが巣箱で抱卵中は、オスは巣の外にいることが多いです。

●オスも抱卵する
　ラブバードのオスは、見張りをするほか、メスと交代で抱卵する行動がみられます。
　産卵から約23日で卵がふ化しますが、ラブバードのヒナははじめはあまり鳴かないので、ふ化に気づきにくいでしょう。

●40日頃に羽がそろう
　ヒナを手のりにする場合は、ふ化から約3週間頃に成長具合を見て巣箱から出すか判断を。うぶ毛ではない羽の筆毛が出て、開きはじめたくらいが、巣箱から出すのにちょうどよい時期。
　40日頃までに羽がそろいます。自然に巣立ちをするのもこの頃です。5〜7か月でおとなの羽に換わります。

ラブバードの巣引き	
巣引き中のエサ	皮つき混合シード、カナリーシード、アワ玉、ヒマワリ、サフラワー、ブリーダータイプのペレット、ボレー粉、塩土、青菜など
ふ化までの日数	産卵から23日前後
手のりにするなら	ふ化から3週間前後で出す
自然な巣立ち時期	ふ化後40〜50日前後

生後約24日のコザクラのヒナ。

オカメインコの巣引き

オカメ用巣箱と広いケージが必要

中型インコの繁殖には広いケージが必要です。かわいいヒナの誕生を目指して準備をしましょう！

→ [オカメ][ヒナ]
ヒナはとっても甘えん坊。かわいい手のりに育てよう！

巣引きの手順
オカメ用の大きな巣箱と広いケージが必要です

ペアリングと同居

セキセイやラブバードは1歳頃から巣引きが可能ですが、オカメはメスが1歳半から5歳くらいの間の巣引きが理想的です。オカメのペアリングは、見極めが大切。相性が悪くてもケンカはせず、ただ同居しているだけというケースがあるからです。

繁殖用ケージレイアウト 
巣箱が大きいのでケージは十分な広さが必要。巣箱は横型と縦型（P130）がある。

巣材を入れるなら
オガクズ
ヒノキや杉の木の皮

◎ [オカメ][オス][若鳥]
若いときからペアになると成功率は高い。

↑ [オカメ][メス][若鳥]

親鳥のオス・メスの判別

オスメスをしっかり判別してペアリングします。親鳥は尾羽や風切羽の色で判断しましょう。

ノーマル

シナモン、パイド、ファローなどはノーマルと同じ判別法です。

オス
顔から後頭部までが鮮明な黄色で、チークパッチのオレンジ色が濃い。

尾羽と風切羽は黒に近いグレー色。ヒナのときの黄色の羽は親鳥にはない。

メス
顔は薄いグレーにわずかに黄色が入り、チークパッチの色が薄い。

尾羽、風切羽はグレーに黄色の模様が入っている。

パール

オス
成長とともにパール模様が消える。

メス
成長してもパール模様がきれいに出ている。

ルチノー・アルビノなど

ルチノーはメスではわずかに尾羽、風切羽の模様が見られます。羽色だけでわからないものやアルビノなどは、オスのほうが体も頭も大きく、冠羽が立派なことで見分けます。

ホワイトフェイス

ホワイトフェイスはノーマルから黄色の色素が欠けている色変わりなので、オス、メスの見分け方はノーマルの黄色部分を白に置き換えます。

鳴き方と行動

オスは一節を続けて長鳴きしますが、メスは短く途切れた鳴き方。発情期のオスは姿勢を低く翼を半開きにするポーズをとります。

産卵から巣立ちまで

オカメインコはオスが巣箱にエサを運び、メスが抱卵しますが、夜はオスが交替して抱卵します。産卵から23日前後で卵がふ化。

●生後3週間で羽毛が生えてくる

ふ化後3週間目頃には、鮮やかな羽毛が生えてきます。巣立ちは生後50日頃。手のりにする場合は、生後21日を目安に、育ち具合を見てヒナを巣箱から出しましょう。

生後約6～9か月でおとなの羽になります。

オカメインコの巣引き	
巣引き中のエサ	皮つき混合シード、カナリーシード、アワ玉、ヒマワリの種、麻の実、ブリーダータイプのペレット、ボレー粉、塩土、青菜など
ふ化までの日数	産卵から23日前後
手のりにするなら	ふ化から3週間前後で出す
自然な巣立ち時期	ふ化後50～60日前後

もっと楽しく！インコライフ
インコの成長カレンダー

	インコの生後月齢・年齢	成長のポイント	人の年齢
ヒナ	セキセイインコ ● 約3週間 ラブバード ● 約3週間 オカメインコ ● 約3週間	手のり鳥にする場合は、この頃に巣箱から出して人の手で育てる。	新生児から乳幼児期
	セキセイインコ ● 20～35日頃 ラブバード ● 20～35日頃 オカメインコ ● 20～50日頃	親鳥が育てる場合は、この時期の後半から自分で巣箱から出てくるようになる。人が育てるときはひとり餌への切りかえ時期。	
中ビナ	セキセイインコ ● 35日～5か月頃 ラブバード ● 35日～5か月頃 オカメインコ ● 50日～6か月頃	ひとり餌になる。群れではなく単独で行動できるようになる。	4歳～8歳頃
若鳥	セキセイインコ ● 5か月～8か月頃 ラブバード ● 5か月～8か月頃 オカメインコ ● 6か月～9か月頃	ヒナ換羽が終わり親羽になる。自立して性成熟がはじまるまで。	8歳～13歳頃
若親	セキセイインコ ● 8か月～10か月頃 ラブバード ● 8か月～10か月頃 オカメインコ ● 9か月～1歳半頃	性成熟してペアを求め始める時期で、巣引きもできるようになる。成長過程であり、体型はまだ完全ではない。	13歳から18歳頃
親	セキセイインコ ● 10か月～4歳頃 ラブバード ● 10か月～4歳頃 オカメインコ ● 1歳半～5、6歳頃	体が完全にできあがり、その種類らしさ、本来の色ツヤなどが出ている完成期。巣引きに適した時期。	18歳～35歳頃
	セキセイインコ ● 4歳～8歳頃 ラブバード ● 4歳～8歳頃 オカメインコ ● 5、6歳～10歳頃	心身が安定している時期。生殖能力はあるが巣引きは徐々に控えたほうがよい。	35歳～50歳頃
老鳥	セキセイインコ ● 8歳以降 ラブバード ● 8歳以降 オカメインコ ● 10歳以降	羽毛のツヤがなくなり、活動がおとなしくなってくる。	50歳以降

めざせ長寿！インコの健康管理

PART 7

体のしくみと健康チェック

ずっと元気でいてね！健康チェックのポイント

いつまでも元気で長生きできるようにインコの健康チェックをしましょう。
日頃からよく観察することが大切！

セキセイ｜オス｜親
元気に行動している？
食欲もしっかりチェック！

いつも健康チェックを！
具合が悪くても元気なフリ！そんなインコの不調に気づいてあげよう

　自然界では、小鳥はほかの動物に捕食される弱い動物。そのため、具合が悪くてもぎりぎりまで元気なフリをする習性があるのです。

　人と暮らすインコも、人が見ていると不調を隠して元気なフリをします。

　「昨日まで元気だったのに、突然死んでしまった」ということがないように、普段からインコをよく観察して健康管理に十分注意しましょう。

　食欲がない、寝てばかりいる、フンがいつもとちがうなど、飼い主さんが見ていればわかるポイントはいろいろあります。

コザクラ｜メス｜若鳥　小鳥は病気を隠す動物。

鳥ってこんな動物
小鳥のことを知って体調管理に役立てよう！

体温が高い
鳥の体温は約40〜42度。寒いときは羽毛を膨らませ、空気を入れて保温。暑いときは翼を浮かせて風を通します。（人より高いよ）

食いだめできない
つねにエサを食べ、フンをしています。小型インコは1日半か2日くらいエサを食べられないと死んでしまいます。（パクパク）

総排泄腔がある
便、尿酸、卵、精子がすべて肛門（総排泄腔）から出ます。卵詰まりを起こすとフンが出ず危険。（ポトッ）

毎日の観察ポイント
いつもとちがうことはない？早期発見がなにより大切！

なんとなく元気がない、人が見ていないところで羽を膨らませている、フンの数が少ないなど、いつもとちがうちょっとした変化が病気のサイン。

コミュニケーションをとりながら、いつもとちがうことがないか、よくチェックしてください。

> **アドバイス**
>
> **元気がないと思ったらまず保温してください**
>
> インコがなんとなく元気がないと感じたら、すぐに保温してください。温度の目安は25〜28度。
>
> 寒くて膨らんでいたときや、病気の初期段階の場合、2〜3日の保温で回復することがあります。
>
> 保温しても状態がかわらないときは、すぐに小鳥を診察できる動物病院へ連れていきましょう。

ココをチェック！

行動 
- 活発に動き、イキイキとしているか
- 羽毛を膨らませたり、寝てばかりいないか
- エサをきちんと食べているか

外見 
- 顔、鼻腔、お尻のまわりが汚れていないか
- くちばしの伸び、脱毛など異常はないか
- 体が腫れたり、羽毛の色ツヤの変化はないか

排泄物
- フンの状態や数は正常か。下痢をしていないか。

セキセイインコのフン

ラブバードのフン

オカメインコのフン

セキセイ オス 若鳥
ときどき体重をはかり、極端に減っていないかチェック。

オカメ オス 親
羽毛がきれいでイキイキと行動しているのが元気な証拠。

Part 7 めざせ長寿！インコの健康管理……体のしくみと健康チェック

オカメ　オス　親
インコの健康管理は飼い主さんの役目。

病院に行く
インコを診てもらえる動物病院を探すこと！移動は保温が重要です

動物病院へ行くなら、小鳥専門の病院や小鳥にくわしい獣医さんがいる病院を探してください。なぜなら、犬や猫の診察が中心で小鳥をきちんと診てもらえない場合があるからです。

連れていく前には「小鳥を診てもらえますか？」と電話で確認しておくこと。

インコが病気になったときのために、日頃から鳥を飼っている人やペットショップなどで、動物病院の情報を収集しておくとよいでしょう。

病院で伝えること
- インコの性別・年齢
- 飼育している年数
- エサの食べ具合
- エサの内容と量
- いつから、どのような症状が出ているか
- 単独飼いか、複数飼いか
- フンの状態（できるだけフンを持参する）

保温して静かに連れていく

病気やケガをしたインコにとって、移動は大きな負担になります。病院へ行くときはキャリーケースに入れ、しっかり保温して移動。

移動の方法はＰ110も参考にしてください。

キャリーケースに入れ、夏以外は保温をする。使い捨てカイロであたため、バスタオルや毛布で包んでいく。

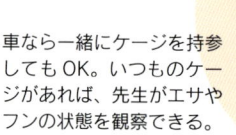

車なら一緒にケージを持参してもOK。いつものケージがあれば、先生がエサやフンの状態を観察できる。

病院の健康診断・診察

小鳥にくわしい病院が近所にあるなら、定期的に健康診断を受けるのもおすすめです。健康診断や診察では、必要に応じて下のような診察や検査が行なわれます。ほかに血液検査、レントゲン検査などがあります。

「ぼく健康かな？」

体重測定
体重測定は健康チェックの基本。

羽をみる
翼の状態をチェック。羽が折れたり、寄生虫やダニが見られないか。

頭部をみる
目の腫れや濁り、鼻水、吐物の付着などがないか。

耳をみる
耳の炎症がないかどうか。そのう炎から耳に炎症が出ることもある。

口の中をみる
中が腫れたり色に異常がないか、病気による粘液がないか視診。

胸部をさわる
胸筋のつき方をチェック。やせすぎて船底のようにとがったり、太って黄色く脂肪が透けているのは要注意。

腹部をみる
肝臓の色や脂肪腫ができていないか、脂肪がつきすぎていないかをみる。

肛門をみる
脱肛をチェック。周囲の羽が汚れていたら下痢が疑われる。必要に応じて糞便検査をする。

そのうをみる
①羽毛をかきわけ外から色をチェック。炎症がある場合は赤く充血している。

②触診し、そのうの状態をチェック。固さや異物の有無、食滞などがないかも確認。

そのう検査
①そのうの病気が疑われるときに行なう検査。口の中から器具を入れます。

②そのうまで入れ、そのう液を取り、顕微鏡で検査。

Part 7 めざせ長寿！インコの健康管理 ……体のしくみと健康チェック

健康にまつわること

換羽(とや)・毛引き・発情にはどう対処する？

病気ではないみたいだけど、ちょっと様子がちがうかな？鳥の体に起こる変化に注意して！

コザクラ　オス　老鳥
羽が生えかわる時期はイライラすることがある。

換羽中で筆毛が出ているセキセイ。

インコの換羽
羽が生えかわる換羽の時期は健康管理に注意

　インコの羽は少しずつ抜け、1年間ですべて生えかわります。一気に羽が抜けることはありませんが、春から夏にかけて、ややまとまった換羽が起こる鳥もいます。たくさんの羽が抜けて落ちていても、抜けた羽に異常がなく、新しい羽が生えてくるようなら心配ありません。換羽のときは、いつもよりタンパク質の多いエサをプラスします。

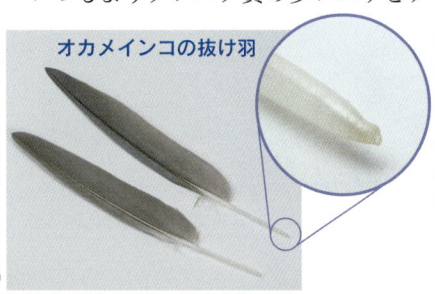

オカメインコの抜け羽

羽軸がきれいな半透明なら正常な抜け方。事故で抜けた場合は、羽軸の中に血が見える。病気なら羽の部分が異常に短いこともある。

発情しすぎに注意
発情は病気の原因になることも！発情過多に注意しよう

　1羽飼いで巣箱を入れなくても、インコは自然に発情します。発情自体は正常なことですが、発情過多は生殖器疾患を起こす原因にもなります。
　メスがたびたび卵を産むなど発情過多と思われる場合は、環境やエサを変えて発情を抑制します。

発情を抑制したいとき
- ケージに巣箱やハウスを入れない。
- フン切り網を入れ、底の紙をちぎれないようにする。
- カナリーシードやおやつなど高脂肪のエサを控える。
- 早寝早起きをさせる。
- 過剰になでたり、声をかけない。

巣箱を出す

毛引き症の対策

自分で羽をブチブチ…！原因を探りストレスをなくす

▶ セキセイ｜オス｜親
サイズに合わせてテープで止める。

▼小型インコ用のエリザベスカラー。

インコが自分のくちばしで羽を抜いてしまうのが毛引き症です。毛引きをしていても体は元気な場合、原因はストレスかもしれません。

とくに手のりインコの場合、人になれていて感情表現も豊かなことから、ストレスを感じることが多いようです。また、ラブバードなど熱帯のインコは、乾燥が原因となることもあるので、水浴び（P107）をさせましょう。

インコへの接し方や飼い方で何か変化はないか、ストレスの原因を考えて、できるだけ取り除くことが大切です。

原因を改善できるまで、エリザベスカラーをつけて毛引きを防ぎ、回復を待つのもよいでしょう。

ストレスの原因と対処法

原因	対処法
インコをかまわなくなった	かまってあげる
ケージから出さなくなった	出してあげる
ケージの置き場所がうるさい	静かな場所に移動
犬や猫などが近くにいる	別の部屋へ移動
新しいインコを飼い始めた	先住インコをよりかわいがる
ペアの相手が死んだ	新しい相手を迎えるか、おもちゃを入れる

インコ豆知識　インコにおすすめのアロマテラピー

植物から抽出した天然の精油、エッセンシャルオイルを使った香りの療法を「アロマテラピー」といいます。ペット用オイルが市販されているので、インコに利用するのもおすすめです。

●どんな種類が効果的？

毛引き症や産卵過多、ストレスを感じているインコにはラベンダーがよいでしょう。興奮しがちなコや攻撃的なインコにはミント、臆病なインコには柑橘系のオイルがおすすめです。

インコ用のエッセンシャルオイルとアロマスプレー。ペパーミント、レモン、ラベンダーの3種類。

※エッセンシャルオイルは、インコがなめたり、飲んだりしないように注意すること！

使い方❶ エッセンシャルオイル

小さな容器にコットンを入れ、エッセンシャルオイルを2、3滴たらし、ケージの外（インコが届かない場所）に置きます。

使い方❶ アロマスプレー

そうじのとき底にスプレーします。インコがなめないよう乾くまで待つか、乾いた布でふいてから普段のセッティングに。インコがいる部屋にスプレーしてもOKですが、ケージに直接かけないこと。

ダイエットと病気の症状

小鳥のダイエットと症状でわかる病気

肥満は病気の原因にもなるので
おやつの食べ過ぎに注意！
症状からわかる病気についても
紹介します。

↑ コザクラ メス 中ビナ
おやつ大好き！
でも食べすぎに注意。

インコの肥満

太りぎみインコ急増中！？おやつのあげすぎはダメ！

　本来インコは粗食です。嗜好性の高いおやつをあげすぎると、太ってしまうことがあります。肥満は病気の原因にもなるので、食事の内容をかえてダイエットさせる必要があります。
　インコは同じ種類でも体格に個体差があるので、体重よりも肉付きで肥満チェック。太っているときは、ヒマワリの種やカナリーシードなど高カロリーのエサや市販のおやつ、果物を控えます。

丸まるしたインコはかわいいが、
ときにはダイエットも必要。

元気にしているかな

病気の初期症状を知って早めに気づいてあげよう

　インコは病気を隠す動物なので、小さな変化を見逃さないようにしましょう。右に症状から疑われる病気をまとめたので参考にしてください。
　インコの様子がおかしいときは、ケージを保温し、なるべく早く小鳥にくわしい動物病院へ連れていきましょう。

→ セキセイ オス 若鳥
健康なインコはいきいきしている。

症状別・疑われる病気リスト

症状	疑われる病気・ケガ
●元気がない・羽を膨らませている・寝てばかりいる	これらの症状は、いろいろな病気の初期症状であることが考えられます。
●あくびをよくする	そのう炎→P152、気道炎→P152
●食欲がない・フンの量が少ない	そのう炎→P152、気道炎→P152 トリコモナス症→P152、クラミジア症→P152 ジアルジア症→P153、ヘキサミタ症→P153 卵管脱・総排泄腔脱→P155 卵管炎→P155、卵秘・卵詰まり→P155 痛風→P154
●食べたものをまき散らすように吐く ●頭や顔が汚れている	そのう炎→P152、気道炎→P152 トリコモナス症→P152、クラミジア症→P152 メガバクテリア症→P153、カンジタ症→P153
●体をかゆがっている ●止まり木に体をなすりつける	カイセン症→P151、トリコモナス症→P152 毛引き・自咬症→P151
●目が腫れたり、炎症が見られる	カイセン症→P151、ビタミンA欠乏症→P154、気道炎→P152
●ろう膜が腫れたり、色がおかしい	カイセン症→P151、甲状腺腫→P154
●くちばしの色や形がおかしい	カイセン症→P151、サーコウイルス症（PBFD）→P150 ポリオーマウイルス症（BFD）→P150、外傷→P151
●くしゃみ、鼻水が出る	ビタミンA欠乏症→P154、気道炎→P152、クラミジア症→P152
●呼吸音がおかしい・プツプツ言っている	気道炎→P152、クラミジア症→P152、甲状腺腫→P154
●羽が異常に抜けたり、部分的に抜けている ●羽が部分的に細くなったり、曲がったりしている	サーコウイルス症（PBFD）→P150 ポリオーマウイルス症（BFD）→P150 毛引き症・自咬症→P151、外傷→P151
●脚をひきずったり、飛び方がおかしい ●止まり木にうまく止まれない ●片脚をあげてばかりいる	皮膚腫瘍→P151、外傷→P151、火傷→P151 栄養性脚弱症→P154、くる病→P154、痛風→P154 卵管炎→P155、卵秘・卵詰まり→P155
●両足あるいは片足が開いてしまっている	外傷→P151、腱はずれ→P154
●脚や指、体にコブのようなものがある	皮膚腫瘍→P151、痛風→P154
●下痢をしている ●肛門のまわりが汚れている	サーコウイルス症（PBFD）→P150 ポリオーマウイルス症（BFD）→P150 皮膚腫瘍→P151、細菌性腸炎→P152 そのう炎→P152、トリコモナス症→P152 クラミジア症→P152、ジアルジア症→P153 ヘキサミタ症→P153、カンジタ症→P153 ビタミンA欠乏症→P154、卵管脱・総排泄腔脱→P155
●フンがいつもとちがう	フンの水分が多い…トリコモナス症→P152、卵秘・卵詰まり→P155 フンが大きい………卵管炎→P155、卵秘・卵詰まり→P155 フンが黒い…………カンジタ症→P153、メガバクテリア症→P153 フンが濃い緑色……卵管炎→P155 フンが緑色…………細菌性腸炎→P152 フンが淡黄色………ジアルジア症→P153、ヘキサミタ症→P153 フンに粘りがある…ジアルジア症→P153、ヘキサミタ症→P153 血が混ざっている…卵管脱・総排泄孔→P155
●お尻から何か出ている	卵管脱・総排泄腔脱→P155、卵管炎→P155、卵秘・卵詰まり→P155

病気の種類と治療法

インコに多い病気を知っておこう！

病気にかからず
元気で過ごせるように、
日頃から予防を心がけましょう。
病気の知識をもつことも大切です。

○ セキセイ　メス　親
病気にかからないように
予防することが大切！

病気を予防する
感染症や環境、栄養不足などによる病気を防ごう

　インコが病気にならないように気をつけてあげられるのは、飼い主さんだけです。

　早期発見や治療も大切ですが、何よりも病気にかからないようにしてあげられれば、それがいちばん。

　インコがかかりやすい病気の原因や予防法を知っておきましょう。

　もし病気になってしまったら、早めに動物病院へ連れていきます。

※掲載した病気はどの種類のインコもかかる可能性がありますが、とくに症例が多いインコは病名の右横に名前をマークで示してあります。
例　セキセイ　ラブバード　オカメ　など

ウイルス性羽毛疾患

サーコウイルス症（PBFD）　若鳥

原因と症状　感染鳥の脂粉やフン、親鳥からのサーコウイルス感染が原因。症状は羽毛の形成異常や脱羽、くちばしの過長、下痢、食欲不振など。年齢や時期、ウイルス量、免疫力により、キャリアとなるか発症して死亡するか、完治するかが決まります。

治療と予防　免疫増強剤、強肝剤で治療。ケージはそうじと消毒が必要です。ペレットなど栄養バランスがよい良質なエサが予防となります。

ポリオーマウイルス症（BFD）　セキセイのヒナ

原因と症状　ポリオーマウイルスに感染した鳥のフンや羽などから感染。羽毛形成不全、脱羽、腹水、肝炎、下痢などの症状が出ます。ヒナに感染が多く、感染すると死亡率が高い病気です。

治療と予防　治療は難しいので、感染鳥との接触をさけ、栄養バランスのよいエサを与えて予防します。

皮膚・羽の病気

外傷

原因と症状 カラスや猫など外敵に襲われたり、鳥同士のケンカ、部屋で放鳥しているときの事故（壁や窓ガラスに激突、ドアにはさまれる、人に踏まれる）などが原因。出血や裂傷、爪が折れたり、くちばしや足の変形など。

治療と予防 出血したときは圧迫して止血、小さな温かいカゴで安静にします。抗生物質や止血剤の投薬も有効。

皮膚腫瘍　［セキセイ］［オカメ］

原因と症状 黄色脂肪腫、線維腫、尾脂腺腫、血管腫など、体の各部に腫瘍ができることがあります。腫瘍の大きさやできた部位によって、飛べない、歩行異常を示すなど、さまざまな運動障害を引き起こします。肛門周囲にできると排便困難をまねきます。

治療と予防 薬で抑えたり、外科的に切除します。

火傷

原因と症状 熱い飲み物が入ったコーヒーカップやお椀、料理中の鍋への落下。さし餌の温度が高すぎて口腔内やそのう内に火傷するケースもあります。

治療と予防 火傷が脚ならばすぐに冷水で冷やしますが、羽は濡らさないように注意。抗生物質や消炎剤の投薬で治療。放鳥中は目を放さず、事故を防ぎましょう。

毛引き症・自咬症

原因と症状 環境の変化やストレス、皮膚の感染や乾燥、アレルギー、羽毛への付着物、脂肪の沈着、寄生虫、栄養不良など、さまざまな原因が考えられます。自分の羽毛をつついたり、抜いたりしてはげたり、ひどくなると皮膚を出血するまで傷つけることもあります。

治療と予防 環境やストレスなど原因の除去が大事。エリザベスカラーをつけたり、くちばしの先を削る（P 126）と悪化が防げることもあります。予防としては、ケージのそうじや水浴びなどをさせて皮膚を清潔に保ち、適切なエサを与えること。日光浴でビタミンD_3の合成を促すことも効果的。

［コザクラ］［メス］［老鳥］
毛引きは治りにくい病気のひとつ。

カイセン症　［セキセイ］

原因と症状 トリヒゼンダニの感染。感染するとかゆみがあるため、患部のくちばしやろう膜や脚を、網などにこすりつけます。脚やくちばしの皮膚の表面は白く乾燥したようになり、重度になると変形することもあります。

治療と予防 感染鳥との接触を避けること。駆虫薬の飲水投与で治療します。

［セキセイ］［メス］［親］
ろう膜やくちばしに変形がある。

呼吸器の病気

気道炎

原因と症状 細菌、真菌、ウイルス、トリコモナスなどの感染によって起こります。気温が低すぎたり、タバコなど空気の汚れも原因になります。初期は口からプツプツ音がし、鼻汁、くしゃみ、せき、眼瞼炎など。重症になると開口呼吸をし、気管が粘液で狭くなりズーズーという音がします。

治療と予防 隔離して保温。原因により抗生剤、消炎剤、抗真菌剤、抗原虫薬などで治療。ビタミンAが不足しないよう青菜などを与え、適切な温度やケージの置き場に気をつけて予防します。

クラミジア症（オウム病）

原因と症状 クラミジアの感染により発症。鼻汁、くしゃみ、下痢、元気消失、羽をふくらます、寝てばかりいるなどの症状が出ます。寒さやストレスで発症することもあります。若鳥は症状が重くなりがち。肝炎など他の病気を併発すると危険。

治療と予防 隔離して保温し、抗生物質を投与します。飼育ケージを清潔に保つことも大切。親鳥からヒナに経口感染するので、感染している鳥を巣引きに使ってはいけません。

消化器の病気

そのう炎　［セキセイ］

原因と症状 ふやけたむきアワ、パンやうどんなど人の食べ物などを食べると、そのう内で細菌や真菌が増殖し炎症を起こします。親鳥からのトリコモナス感染もあります。首を振って吐いたり、発酵したニオイのものを吐く、下痢などの症状。

治療と予防 食餌内容を改善し、抗生物質、抗真菌剤、抗原虫薬などを投与。ヒナのさし餌をいつまでもあげたり、人の食べ物をあげないこと。

細菌性腸炎　［セキセイ］

原因と症状 細菌感染により、腸の粘膜に炎症を起こす病気。水をやたらと飲むようになり、黄緑色の水っぽい下痢をします。やがて食欲が無くなってやせてしまい、羽を膨らませて眠ることが多くなります。

治療と予防 感染した鳥は隔離、保温して、抗生物質を投与します。つねに新鮮な水とエサをあげて、古いエサやカビに注意すること。

トリコモナス症　［セキセイとオカメのヒナ］

原因と症状 トリコモナスという原虫が、親鳥の口やさし餌器具などから幼鳥に感染。そのうから副鼻腔、眼などに広がり、そのう炎、副鼻腔炎、結膜炎、飲水過多、流涙、鼻水、鼻血、顔面浮腫など、さまざまな症状をひき起こします。

治療と予防 そのう液検査でトリコモナスが検出されれば、抗原虫薬で駆虫。感染鳥は隔離し、さし餌器具やエサ入れ、水入れは洗浄消毒します。

［オカメ］［メス］［若鳥］
眠ってばかりいないか行動をよく観察しよう。

→［オカメ］［オス］［若鳥］

ジアルジア症 [セキセイの幼鳥]

原因と症状 ジアルジア原虫の寄生による感染。ねばりのある淡黄緑色のフンをし、食欲不振になり元気がなくなります。

治療と予防 便検査によりジアルジア原虫が検出されれば、抗原虫薬で駆虫します。普段からケージを清潔に保つことで予防。フンの状態がおかしいときは、早めにフンの検査をしましょう。

メガバクテリア症 [セキセイとオカメの幼鳥]

原因と症状 メガバクテリアによる感染。胃炎を起こすために嘔吐したり、食欲不振になります。胃から出血するため、黒いフンをすることもあります。消化できないために、食べているのにやせていくのが特長。

治療と予防 そのう液検査で確認し、抗真菌剤を投薬します。

ヘキサミタ症 [オカメ]

原因と症状 ジアルジアに近い原虫の一種による感染。ねばりのある淡黄緑色のフンをして、食欲不振、元気消失が見られます。

治療と予防 便検査によりヘキサミタが検出されれば、それに合わせた抗原虫薬で駆虫します。定期的に熱湯消毒をするなど、ケージを清潔に保つことで予防します。

カンジダ症

原因と症状 真菌の一種、カンジダによる感染症です。作り置きのさし餌や人の食べ物、長期の抗生物質投与、ビタミンA不足などが原因。そのうに炎症を起こして嘔吐する、腸炎で下痢をする、元気消失、羽を膨らますなどの症状が出ます。

治療と予防 そのう液検査で確認し、抗真菌剤を投薬。栄養バランスのよいエサを与えて予防します。

インコ豆知識　インコから人にうつる病気

[セキセイ] [オス] [若鳥]
インコと遊んだあとは手を洗う習慣をつけること。

インコの病気の中には、動物から人にうつるズーノーシス（人畜共通感染症）と呼ばれる病気があります。鳥類のズーノーシスには、クラミジア感染症（オウム病）やトリインフルエンザなどがあります。

感染経路は病鳥のフンや鼻水が人の口に入ることで感染する経口感染など。普通に接していれば神経質になることはありませんが、インコに口移しでエサをあげるのはやめましょう。

インコと遊んだり、ケージのそうじをしたあとは手を洗うこと、普段からケージを清潔に保つことで、感染は十分に防ぐことができます。

栄養・代謝性の病気

ビタミンA欠乏症

原因と症状 βカロチン不足が原因となり発症。口腔内に白斑や黄色い潰瘍ができたり、下痢、鼻汁が見られます。

治療と予防 ビタミンAを投与して治療。普段からバランスのよいエサを食べさせることが予防になります。野菜をあげたり、鳥用のビタミン剤を飲み水に入れて飲ませてもよいでしょう。

栄養性脚弱症　セキセイ

原因と症状 アワ玉のみなど、さし餌のビタミンB1不足が原因となり、巣立ちの頃のヒナに発症します。落下など脚に強い外力が加わったのをきっかけに、脚をひきずるようになります。

治療と予防 さし餌は栄養が十分なものをあげること(P84)。発症したら事故をふせぐために高さのないケージで止まり木も低くした状態で飼い、ビタミン剤などで治療。日光浴も効果的です。

甲状腺腫　4歳以上のセキセイ

原因と症状 栄養素のヨード不足が原因となります。羽毛障害や脂肪沈着の症状が出ることもあります。のどの両側にある甲状腺が腫れて気管を圧迫し、開口呼吸をしたり呼吸困難になります。

治療と予防 ケージを保温し、飲み水にヨードを入れて治療。健康なインコでも、週に1〜2度は飲水にヨードを混ぜると予防に効果的です。

ヨード剤を飲み水に加えることが予防になる。

くる病

原因と症状 カルシウム、ビタミンD3の欠乏や、カルシウムとリンのアンバランスな摂取が原因となります。骨の変形や曲がり、骨折しやすくなる、呼吸が速い、羽毛障害などの症状が出ます。

治療と予防 カルシウム、リン、ビタミンD3の摂取で治療。普段からボレー粉かカトルボーン、塩土、青菜などを与えて予防します。

痛風　関節型 小型・中型インコ　内臓型 大型インコ

原因と症状 ビタミンA不足、タンパク質の過剰摂取、ストレス、感染症、遺伝的素因などで起こる関節型と、ビタミンAやミネラル不足、ストレス、感染症、脱水などで腎臓などに尿酸がたまる内臓型があります。内臓型は食欲不振、元気消失となり突然死することも。関節型は脚に結節ができ、脚を引きずる、多尿などの症状がでます。

治療と予防 痛風治療薬、ビタミンA、ビタミンB、ミネラルの投与。止まり木を太くする、低くするなどケージの工夫をして、タンパク質の多いエサを控えること。普段から青菜をあげて予防。

腱はずれ（ペローシス）　セキセイのヒナ

原因と症状 親鳥の健康不良、ふ化後のヒナの栄養状態の悪さ、遺伝的な問題が原因。親や兄弟に踏まれたことがきっかけの場合もあります。股関節、膝関節、アキレス腱の異常、片足または両足が外側に異常に開いてしまうといった症状がでます。

治療と予防 早期発見なら脚の強制、ビタミン・ミネラル剤投与などで治療。低いケージで底にエサをまいて飼うようにします。繁殖期の親鳥のエサにビタミン、ミネラルを十分与えることが大切。

生殖器の病気

卵管脱・総排泄腔脱

原因と症状 産卵時のいきみ、卵詰まり、卵管炎などによるしぶりにより、卵管や総排泄腔、粘膜が体外に出てしまうことがあります。

治療と予防 気づいたらすぐ動物病院に連れていき、肛門の縫合、抗生物質や止血剤を使った処置をしてもらうこと。栄養バランスの悪さ、カルシウム不足や肥満などに注意することが予防となります。

肥満も原因のひとつ

コザクラ　メス　親
メスは卵関連疾患が起こりやすいので要注意。

卵管炎

原因と症状 産卵のしすぎや性ホルモン異常、細菌感染によって卵管に炎症が起きます。食欲不振となり、腹部が突き出たり、前かがみなどの不自然な姿勢が見られます。

治療と予防 抗生物質、ビタミン、ヨードなどを投与。産卵しすぎないよう、飼育環境を見直して発情を抑えるようにします（P146）。

前かがみ
ぽっこり

卵秘・卵詰まり　セキセイ　ラブバード

原因と症状 産卵過多やカルシウム不足、日光不足、寒さなどが原因で、卵が卵管につまる病気。未成熟の鳥にも起こります。羽を膨らませる、呼吸が速い、黒くねばりのあるフンをする、腹部をさわると卵大の固まりを感じることなどは要注意。

治療と予防 ケージを保温、カルシウムを補給して自力で生ませるか、病院で卵を取り出してもらいます。産卵時期はカルシウムを補給し、温度差にも注意しましょう。

ボワ

アドバイス

お年寄りインコとの暮らし

セキセイインコやラブバードは8歳以降、オカメインコは10歳以降くらいから、老鳥期に入ります。

老鳥は環境の変化を嫌うので、飼育環境を大きく変えないこと。高齢になって行動がにぶくなってきたら、止まり木は低い位置にして、エサは食べやすい位置に設置しましょう。脚に麻痺があったり、弱っているなら、ケージからプラケースに変え、止まり木はなしでOK。

代謝が悪くなるので、高脂肪のエサは控えること。寒い時期は保温することが大切です。

コザクラ　オス　老鳥
高齢になるとゆっくり行動し、眠ることも多くなる。

病鳥の看護

病気のインコは
やさしく
見守ること

ボタン オス 親
インコの気持ちになって
環境をととのえよう。

インコが病気にかかってしまったら、
看病用のケージ環境にしてあげます。
応急処置の方法も知っておくと安心です。

ボタン メス 親

温度管理が重要
病気のインコはケージを保温して回復を助けます

ヒーターなどで保温
フン切り網ははずす
止まり木は低い位置に1本だけ
ライトを24時間点灯しておく。
温度計で温度チェック
エサ入れなどは食べやすい位置に
透明ビニールクロスなどで囲って温度を保つ

●飼育環境をととのえる

病鳥は体温を維持できないのでケージを保温することが大切です。温度は30～35度が目安。温度計をつけて適温を保ちます（保温グッズはP24参照）。

明るいと食欲が出るので、ライトは24時間点灯します。明るくても眠れるので心配ありません。

●薬の飲ませ方

動物病院で薬が出たら、指示に従って投与します。水入れを小さなものに変え、水に薬を入れて飲ませる方法が簡単。飲まないときはスポイトで与えます。

●強制給餌

エサを食べないときは、強制給餌が必要です。病院で病鳥用のパウダーフードを出してもらい、チューブつきのシリンジで給餌します（P87）。

エサを食べずパウダーフードもないときは、応急処置として（1～2日程度)砂糖水を飲ませてもよいでしょう。

応急処置
いざというときは病院に行く前の応急処置が大切

インコがケガなどをしたときは、まず家でできる処置をしてください。病院に連れて行くことも大切ですが、すぐに連れて行けなかったり、近くに小鳥専門の病院がない場合もあるからです。

↑ セキセイ オス 若鳥

火傷

熱い鍋や器に止まってしまうなど、脚に火傷することがあるので注意しましょう。火傷したときは、すぐに冷水をかけて5分以上冷やします。十分に冷やしてから、病院に連れていき処置してもらいましょう。火傷の薬などは塗ると気にしてつついたりするので、塗らないでください。

皮膚からの出血

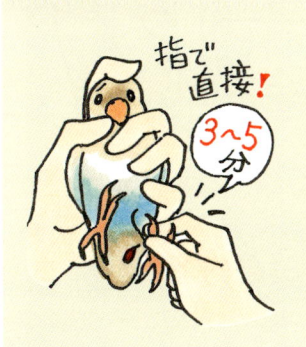

指で直接！ 3〜5分

出血したら、とにかく止血することが大事。軽い出血ならケージを暗くし、じっと安静にさせるだけでも大丈夫。止血するときは指で出血部分をおさえます。脚なら3〜5分、体なら5〜10分程度で止まります。

打撲・骨折など

プラケースなどに入れて安静にする

人に踏まれたり、ドアにはさまれたりしたときは、打撲、骨折、内出血などをしている場合があります。とにかく動かさないことが重要。すぐに病院に連れて行かず、小さめのケージに止まり木を低くして入れ安静にします。その後病院に行くかどうかは、様子を見て電話で相談してください。

そのほかの出血

くちばしや爪からの出血で血がにじむ程度の場合は、安静にして様子をみましょう。止まらないようなら、線香などで焼いて止血。爪を切りすぎて出血したときも、この方法でOK。止血剤がある場合は使います。
羽が折れて出血している場合は、その羽を抜いてしまいます。

止血剤。

けいれん

キッチンペーパーをしいたプラケースへ

けいれんを起こしたら、キャリーケースやプラケースなど、小さなケージに移します。底にはわらなどやわらかいものを入れて、キッチンペーパーを敷きます。底にエサをまき、暗く安静にします。この状態でそっと病院につれて行くか、動画を撮影して病院で見せるのもよいでしょう。

エサは底にまく

Part 7 めざせ長寿！インコの健康管理……病鳥の看護

楽しかったね！インコライフ

インコとのお別れは「ありがとう」の気持ちで

最期まで見守ってあげよう

　かわいがっていたインコとも、いつかはお別れのときがきます。大切にかわいがり、家族の一員としていっしょに過ごしたペットとの別れは悲しいものです。

　とくにインコの場合、「元気に見えていたのに、突然死んでしまった」というケースもあります。

　後悔しないように、日頃から体調に気をつけてあげるのはもちろんのことですが、最期を見守ってあげるのも飼い主として大事なこと。お別れしなければならない現実を受けとめて、見送ってあげましょう。

インコの埋葬

　インコが亡くなったときは、庭があれば埋めてあげるのがいちばんです。浅いと猫などに掘り返される心配があるので、最低でも50cmくらいの深い穴を掘って埋めてください。庭がないからといって、公園などに埋めてはいけません。

　庭がないとき、または火葬してあげたいというときは、ペット専門の葬儀社を利用する方法があります。ほかのペットとの合同火葬をする、個別に火葬をして遺骨が戻ってくるなど、さまざまなシステムがあるので問い合わせてみるとよいでしょう。業者によっては、遺骨を納骨堂に納められるケースもあります。

　自治体によってはペットを火葬してくれるケースもあります。問い合わせてみましょう。

撮影協力（小鳥）

● パパガロ・エ・トーポ

〒336-0965
埼玉県さいたま市緑区間宮 649-1
Tel 048-812-1800
http://papatopo.com/

● ヤマダペットプロダクション

〒285-0902
千葉県印旛郡酒々井町伊篠 86-59
Tel 043-496-6241
http://www.yamada-pet.com/

● カナリア園
〒250-0113
神奈川県南足柄市岩原 263
Tel 0465-74-4620

● ㈱相関鳥獣店
〒116-0003
東京都荒川区南千住 6-59-26
Tel 03-3891-7181

● ザ・ペットショップ 美鳥園店
〒135-0047
東京都江東区富岡 1-10-3
Tel 03-3641-1122

● 峰岸秀夫（日本高級セキセイ保存会会員）

● 花上次男（日本高級セキセイ保存会会員）

商品協力（飼育グッズ・エサなど）

● ㈱カナリー
〒332-0001
埼玉県川口市朝日 5-5-15
Tel 048-222-6351

● ㈲コバヤシ
〒347-0011
埼玉県加須市北小浜 972
Tel 0480-61-3357
http://www2s.biglobe.ne.jp/~yu-koba/

● ㈱スドー
〒461-0025
愛知県名古屋市東区徳川 2 丁目 10-7
Tel 052-935-9311
http://www.sudo.jp/petproducts/index.html

● 東京飯塚農産㈱
〒277-0014
千葉県柏市東 2-3-21
Tel 0471-67-8108

● ㈱ペッズイシバシ
〒582-0027
大阪府柏原市円明町 1000-22
Tel 0729-76-1484
http://www.pets1484.co.jp/

● 豊栄金属工業㈱
〒470-0200
愛知県西加茂郡三好町大字福谷字根浦 14-3
Tel 0561-36-0101
http://www.hoei-cage.co.jp/index.html

● ㈲ジアス
（ペットアロマテラピーグッズ）
〒250-0851
神奈川県小田原市曽比 1909-1
Tel 0465-36-6915
http://www.petaroma.jp/index.html

協力

● 足立区生物園

〒121-0064
東京都足立区保木間 2-17-1
Tel 03-3884-5577
さまざまな鳥と放鳥園でふれあうことができます。

● ふれあい動物園ミルク
（代表 馬場光弘）

〒300-0426
茨城県稲敷郡美浦村舟子 3969-2
Tel 029-891-6510
手のりインコとふれあえる移動式動物園。イベントなどに出展。

撮影に協力してくれたインコたち

ピー／ブー／さくら／チェリー／ぴょん／わさび／ももぞう／オリーブ／京介／ビビアン／マル／リヒト／カイ／恋（レン）／文（アヤ）／アクア／マリン／ブレス／リング／銀兵／若葉／小太郎／パトラ

Thanks to…

伊東さと子
上原ひとみ
小沢貞子
下り藤友子
佐藤るり子
鈴木順子
鶴岡久里子
矢作浩江

監修者紹介

● **平井　博**（ひらい　ひろし）
ペットショップ「ビッグベン」店主。1947年生まれ。幼年時から生き物に興味を持ち、あらゆる動物たちを飼育・繁殖してきた。それらの体験を生かし、1970年にペットショップを開業。これまで、各種飼育書や図鑑等、たくさんの書籍や雑誌において飼育指導を行なっている。小鳥類は、小学生から飼育や繁殖を始め、40年以上にわたる飼育・繁殖の経験をもつ。

● **小幡　昭一**（おばた　しょういち）
ペットショップ「カナリア園」店主。1930年生まれ。カナリア園では、インコやフィンチを中心に、さまざまな小鳥を扱う。インコを扱って30年以上。その豊富な経験から、小鳥を飼育する人たちに飼育アドバイスを行なっている。

● **青沼　陽子**（あおぬま　ようこ）
獣医師。東小金井ペット・クリニック院長。1993年酪農学園大学獣医学部卒業。阿佐ヶ谷ペットクリニック、ミ・サ・キ動物病院勤務後、98年に開業。聨合中医薬学院師温会獣医学部に所属。日本アロマテラピー協会認定インストラクター。病院では、西洋医学と東洋医学、アロマテラピー、ハーブなどを合わせた治療を行う。小鳥の治療も熱心に行っており、現在、セキセイインコとコザクラインコの飼育・繁殖を自らも行なっている。ペットのオオハシは病院のアイドルである。おもな著書に「7歳からの飼い方で犬の寿命は変わってくる」（青春出版社）など。雑誌等でも活躍中。
http://pet-clinic.info/

STAFF

● 写真‥‥‥‥‥中村宣一
● イラスト‥‥‥‥池田須香子
● 本文デザイン‥‥清水良子（R-coco）
● ライター‥‥‥‥宮野明子
● 企画・編集‥‥‥小沢映子（Garden）

かわいいインコの飼い方・楽しみ方

監　修　平井　博　小幡昭一　青沼陽子
発行者　深見悦司
発行所　成美堂出版
　　　　〒162-8445　東京都新宿区新小川町1-7
　　　　電話(03)5206-8151　FAX(03)5206-8159
印　刷　株式会社フクイン

©SEIBIDO SHUPPAN 2005　PRINTED IN JAPAN
ISBN978-4-415-03076-0
落丁・乱丁などの不良本はお取り替えします
定価はカバーに表示してあります

- 本書および本書の付属物は、著作権法上の保護を受けています。
- 本書の一部あるいは全部を、無断で複写、複製、転載することは禁じられております。